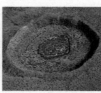
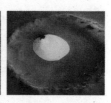

走进奇妙的
天坑群

王子安◎主编

汕头大学出版社

图书在版编目（ＣＩＰ）数据

走进奇妙的天坑群 / 王子安主编. -- 汕头 ： 汕头大学出版社，2012.5（2024.1重印）
ISBN 978-7-5658-0830-2

Ⅰ．①走… Ⅱ．①王… Ⅲ．①岩溶地貌－普及读物 Ⅳ．①P931.5-49

中国版本图书馆CIP数据核字(2012)第098873号

走进奇妙的天坑群　　　　ZOUJIN QIMIAO DE TIANKENGQUN

主　　编：王子安
责任编辑：胡开祥
责任技编：黄东生
封面设计：君阅天下
出版发行：汕头大学出版社
　　　　　广东省汕头市汕头大学内　邮编：515063
电　　话：0754-82904613
印　　刷：唐山楠萍印务有限公司
开　　本：710 mm×1000 mm　1/16
印　　张：12
字　　数：74千字
版　　次：2012年5月第1版
印　　次：2024年1月第2次印刷
定　　价：55.00元
ISBN 978-7-5658-0830-2

前　言

　　这是一部揭示奥秘、展现多彩世界的知识书籍，是一部面向广大青少年的科普读物。这里有几十亿年的生物奇观，有浩淼无垠的太空探索，有引人遐想的史前文明，有绚烂至极的鲜花王国，有动人心魄的考古发现，有令人难解的海底宝藏，有金戈铁马的兵家猎秘，有绚丽多彩的文化奇观，有源远流长的中医百科，有侏罗纪时代的霸者演变，有神秘莫测的天外来客，有千姿百态的动植物猎手，有关乎人生的健康秘籍等，涉足多个领域，勾勒出了趣味横生的"趣味百科"。当人类漫步在既充满生机活力又诡谲神秘的地球时，面对浩瀚的奇观，无穷的变化，惨烈的动荡，或惊诧，或敬畏，或高歌，或搏击，或求索……无数的探寻、奋斗、征战，带来了无数的胜利和失败。生与死，血与火，悲与欢的洗礼，启迪着人类的成长，壮美着人生的绚丽，更使人类艰难执着地走上了无穷无尽的生存、发展、探索之路。仰头苍天的无垠宇宙之谜，俯首脚下的神奇地球之谜，伴随周围的密集生物之谜，令年轻的人类迷茫、感叹、崇拜、思索，力图走出无为，揭示本原，找出那奥秘的钥匙，打开那万象之谜。

　　天坑是人类赖以生存最后的一块净土，过于神秘的天坑，人类无法去探索它的奥秘。阿里巴巴的宝藏，曾是无数人的幻想，那神秘的天坑下，真的有珠宝钻石、翡翠玛瑙吗？

探洞是一项极度刺激的运动，但又极其危险，在世界上公认的深海潜水、漂流运动、登山运动、洞穴潜水、深洞探测这五大最具危险性和挑战性的运动中，与洞穴相关的探险以其难度和危险程度就占了其中两项。

《走进奇妙的天坑群》一书围绕揭开天坑内幕、著名天坑大博览、天坑探险、陨石坑秘密等话题组成四大章节，让读者在了解天坑知识的同时，使读者在阅读该书的同时更能领略这块大自然最后的净土的神秘。

此外，本书为了迎合广大青少年读者的阅读兴趣，还配有相应的图文解说与介绍，再加上简约、独具一格的版式设计，以及多元素色彩的内容编排，使本书的内容更加生动化、更有吸引力，使本来生趣盎然的知识内容变得更加新鲜亮丽，从而提高了读者在阅读时的感官效果。

由于时间仓促，水平有限，错误和疏漏之处在所难免，敬请读者提出宝贵意见。

2012年5月

目　录

第一章　揭开天坑内幕

第二章　著名天坑大博览

走进奇妙的天坑群 ...

第三章　天坑地缝大探险

第四章　陨石坑里藏秘密

第一章　揭开天坑内幕

目前，天坑这个词在我们的视野里出现的频率比较高，也正是这些天坑新闻的不断出现，我们对其越来越关注，并成为人们谈论的焦点。我国南方广西、湖南、四川、浙江、福建等省（区），频繁出现"天坑"，被误传为是地震前兆，因此造成一定程度的社会恐慌。经过调查发现，这些所谓的"天坑"，实际上是地面塌陷造成的，是一种地质灾害现象，主要发生在岩溶区，因长期干旱、强降雨等气候因素和工程建设、地下水抽采、矿产开发等人为活动引发形成。事实上，在世界上存在的天坑数量是非常多的，并不是在近几年才开始出现的。并且，真正意义上的天坑的形成是与塌陷天坑有着一定的区别的，本章将详细介绍一下天坑的形成原因。

天坑简介

2001 年之前，天坑只是对重庆奉节小寨天坑这种景观的特称，类似的地貌在各地有不同的名称，如"龙缸""石院""石围""岩湾"等。2001 年，天坑作为一个专门的喀斯特术语被专家提出。2005 年，国际喀斯特天坑考察组在重庆、广西一带大规模考察后，"天坑"这个术语在国际喀斯特学术界获得了一致的认可，并开始用汉语拼音"tiankeng"通行国际。这是继"峰林"和"峰丛"之后，第三个由中国人定义并用汉语拼音命名的喀斯特地貌术语。

天坑实际上是指具有巨大的容积，陡峭而圈闭的岩壁，深陷的井状或者桶状轮廓等非凡的空间与形态特征，发育在厚度特别大、地下水位特别深的可溶性岩层中，从地下通往地面，

平均宽度与深度均大于 100 米，底部与地下河相连接（或者有证据证明地

下河道以迁移）的特大型喀斯特负地形。

天坑的成因一般分为两种类型，通常见到的是塌陷型（广西乐业天坑群等），比较罕见的是冲蚀型（重庆武隆后坪冲蚀天坑群等）。

天坑的形成至少要同时具备六个条件：

一是石灰岩层要厚。只有足够厚的岩层才能给天坑的形成提供足够的空间。

二是地下河的水位要很深。

三是包气带（含气体的岩层）的厚度要大。

四是降雨量要大，这样地下河的流量和动力才足够大，足以将塌落下来的石头冲走。

五是地壳要突起。地壳的运动就会给岩层的垮塌提供动力。

六是岩层要平。从天坑四周的绝壁看就会发现，岩层与地面是平行的，就像一层层石板堆在四周一样，只有这样的岩层才能垮塌。

直至 2010 年，全世界已经被确认的天坑达 78 个，其中 2/3 分布在中国，当然关于天坑的考察、认定和争论尚未停止。

喀斯特地貌简介

喀斯特地貌。喀斯特地貌在世界分布很广，约占地球总面积的10%，中国喀斯特约占全国总面积的13.5%，主要分布于南方的贵州、广西、重庆、四川、云南、湖北等省区，是世界上最大、最集中连片的喀斯特区，但喀斯特这个术语诞生于斯洛文尼亚。

喀斯特地貌又称岩溶地貌，是指具有溶蚀力的水对可溶性岩石进行溶蚀等作用所形成的地表和地下形态的总称。水对可溶性岩石所进行的作用，统称为大喀斯特作用。它以溶蚀作用为主，还包括流水的冲蚀、潜蚀，以及坍陷等机械侵蚀过程。这种作用及其产生的现象统称为喀斯特。喀斯特是南斯拉夫西北部伊斯特拉半岛碳酸盐岩高原的地名，当地称为 Kras，意为岩石裸露的地方。近代喀斯特研究发轫于该地而得名。

喀斯特地貌分布在世界各地的可溶性岩石地区。可溶性岩石有 3 类：

①碳酸盐类岩石（石灰岩、白云岩、泥灰岩等）。

②硫酸盐类岩石（石膏、硬石膏和芒硝）。

③卤盐类岩石（钾、钠、镁盐岩石等）。

从热带到寒带、由大陆到海岛都有喀斯特地貌

发育。较著名的区域有中国广西、云南和贵州等省（区），还有越南北部、南斯拉夫狄那里克阿尔卑斯山区、法国中央高原、俄罗斯乌拉尔山、澳大利亚南部、美国肯塔基和印第安纳州、古巴及牙买加等地。中国喀斯特地貌分布广、面积大。主要分布在碳酸盐岩出露地区，面积约91～130万平方千米。其中以广西、贵州、云南和四川、青海（即云贵高原）东部所占的面积最大，是世界上最大的喀斯特区之一，此外西藏和北方一些地区也有分布。

喀斯特可划分为许多不同的类型：

按出露条件分为：裸露型喀斯特、覆盖型喀斯特、埋藏型喀斯特。

按气候带分为：热带喀斯特、亚热带喀斯特、温带喀斯特、寒带喀斯特、干旱区喀斯特。

按岩性分为：石灰岩喀斯特、白云岩喀斯特、石膏喀斯特、盐喀斯特。

此外，还有按海拔高度、发育程度、水文特征、形成时期等不同的划分等。

由其他不同成因而产生形态上类似喀斯特的现象，统称为假喀斯特。包括碎屑喀斯特、黄土和粘土喀斯特、热融喀斯特和火山岩区的熔岩喀斯特等。它们不是由可溶性岩石所构成，在本质上不同于喀斯特。

喀斯特地貌在碳酸盐岩地层分布区最为典型。该区岩石突露、奇峰林立，常见的地表喀斯特地貌有石芽、石林、峰林、喀斯特丘陵等喀斯特正地形，也有溶沟、落水洞、盲谷、干谷、喀斯特洼地等喀斯特负地形；地下喀斯特地貌有溶洞、地下河、地下湖等；以及与地表和地下密切相关联的竖井、芽洞、天生桥等喀斯特地貌。

喀斯特研究在理论和生产实践上都有重要意义。喀斯特地区有许多不利于生产的因素，需要克服和预防，也有大量有利于生产的因素可以开发和利用。喀斯特矿泉、温泉富含有益元素和气体，具有医疗价值。喀斯特洞穴和古喀斯特的各种沉积矿产较为丰富，古喀斯特潜山是良好的储油气构造。喀斯特地区的奇峰异洞、明暗相间的河流、清澈的喀斯特泉等，是很好的旅游资源。

喀斯特地貌下流水侵蚀形成的地下河。在地表常见有石芽、溶沟、石林、漏斗、落水洞、溶蚀洼地、坡立谷、盲谷、峰林等地貌形态，而地下则发育溶洞、地下河等各种洞穴系统以及洞中石钟乳、石笋、石柱、石瀑布等。地下的喀斯特溶洞、喀斯特堆积物形态，如湖南张家界桑植县的九天洞已被列入洞穴学会会员洞，

走进奇妙的天坑群

堪称亚洲第一洞、黄龙洞被列为世界自然遗产、世界地质公园、首批国家5A级旅游区张家界武陵源的组成部分，是张家界地下喀斯特地形的代表，其中喀斯特地貌约占全市面积的40%。碳酸岩分布面积约达130万平方千米，喀斯特地貌分布十分广泛，在我国主要分布在广西、贵州、云南、湖南等省区，如广西的桂林山水、云南的路南石林等都驰名中外。

溶洞的形成是石灰岩地区地下水长期溶蚀的结果。石灰岩的主要成分是碳酸钙（$CaCO_3$），在有水和二氧化碳时发生化学反应生成碳酸氢钙[$Ca(HCO_3)_2$]，后者可溶于水，于是有空洞形成并逐步扩大。这种现象在南欧亚德利亚海岸的喀斯特高原上最为典型，所以常把石灰岩地区的这种地形笼统地称为喀斯特地形。

按其发育演化，喀斯特地形可分为以下6种：

（1）地表水沿灰岩内的节理面或裂隙面等发生溶蚀，形成溶沟（或溶槽），原先成层分布的石灰岩被溶沟分开成石柱或石笋。

（2）地表水沿灰岩裂缝向下渗流和溶蚀，超过100米深后形成落水洞。

（3）从落水洞下落的地下水到含水层后发生横向流动，形成溶洞。

（4）随地下洞穴的形成地表发生塌陷，塌陷的深度大面积小则称为坍陷漏斗，深度小面积大则称陷塘。

（5）地下水的溶蚀与塌陷作用长期相结合地作用，形成坡立谷和天生桥。

（6）地面上升，原溶洞和地下河等被抬出地表成干谷和石林，地下水的溶蚀作用在旧日的溶洞和地下河之下继续进行。

喀斯特地貌由于其独特的地貌特征，经常容易"产出"类型各异的风景区，比如著名的张家界武陵源风景区就是石英砂岩峰林地貌，属于典型的喀斯特地貌。武陵源景区内的巨大的石英砂岩，产状平缓，使岩层不能沿层面薄弱部位滑塌，覆盖在志留系柔性的页岩之上。在重力作用下，刚性的石英砂岩垂直节理发育，在水流强烈的侵蚀作用下，岩层不断解体、崩塌，流水搬运，残留在原地的岩石块便形成雄、奇、险、秀、幽、旷等千奇百怪的峰林。

天坑的类型

◆塌陷型天坑

塌陷型天坑，如四川兴文的小岩湾天坑，其发育过程经历了四个阶段，即地下河阶段、地下大厅发育阶段、天窗阶段和天坑形成出露地表阶段。

地下河阶段：有一条流水终年不

竭的地下水流是天坑形成的首要条件。因为地下水道既是天坑形成的动力之源，又是天坑容积内物质输出的唯一途径。

地下大厅发育阶段：在地下河道水流的强烈溶蚀、侵蚀与物质输出作用下，在岩层产状平缓、构造裂隙发育、岩石破碎或地下古河道重叠交叉等的特别有利部位，地下水道顶板发生坍塌，其物质由地下水道的水流持续输出，崩塌空间不断扩大，最终形成倒置漏斗状或穹庐状的地下大厅。地下大厅规模的大小，基本上决定着最终进一步发展成为天坑的规模。所以，地下大厅的形成是天坑发育过程中一个极其重要的阶段。

天窗阶段：在地表水的溶蚀和重力等作用下，地下大厅穹庐式的顶板会慢慢接近地表，并最终地面出现天窗，如四川兴文天泉洞和天狮洞等洞穴的顶部的天窗，这是天坑形成前的一个重要阶段。

天坑形成出露地表阶段：这一阶段的主要发展和表现是，地下大厅穹庐形顶板逐步崩塌，并使大厅的腔体露出地表。原属于地下顶板的部分崩塌平行后退，形成周边的悬崖峭壁或崩塌形成三角面。如四川兴文的小岩湾天坑即是天坑的最终形态。

◆冲蚀型天坑

重庆武隆后坪乡天坑群是世界唯一的地表水冲蚀形成的天坑群，是"中国南方喀斯特"联合申报世界自然遗产提名地。景区总面积38平方千米。

冲蚀型天坑的形成原因是由于位于海拔1300米的分水岭地区的喀斯特台面，再加上强烈的构造抬升，该台面上各种规模的喀斯特陷坑地貌十分完好，分布有众多的落水洞、竖井、塌陷漏斗（天坑）、峡谷、石柱、石林、溶洞等地质遗迹。其中塌陷漏斗（天坑）规模宏大，群状密集分布，形态典型，保存完好。由箐口、石王洞、天平庙、打锣凼和牛鼻洞五个天坑组成，是目前我国乃至世界上发现的唯一的地表水冲蚀形成的天坑群，是极为罕见的地质遗迹。各天坑四周绝壁环绕，形状完美。自坑

走进奇妙的天坑群

口望去，绝壁陡直，天坑深不可测，奇险无比。自坑底仰视，四周绝壁直指天穹，引颈仰视，坐井观天，白云悠悠，天空湛蓝，给人以超然物外、远离尘嚣的感觉。有的天坑雨季悬瀑自 100～200 米高的陡崖飞泻而下，倾珠溅玉，轰鸣回响，蔚为壮观。同时，天坑群与其周边的洞穴、岩溶泉、峡谷等构成一个完整、典型的水文地貌系统。冲蚀型天坑为吸纳地表水流的主要场所，其下发育的洞穴即为汇入水流的集中通道，是蕴含天坑形成与发育演化及地壳抬升运动等信息的主要载体，不仅在科学研究上有重要的学术价值，而且有些洞穴洞内沉积景观较为丰富，具有较高的观赏价值和探险价值。景区内的阎王沟岩溶峡谷全长 2300 米，总深度约 500 米，是盲谷式现代峡谷，谷深林幽，特别是下段，谷底深切，两岸下部近直立，宽度及小，气势逼人，行走其中，感受别样，具有一定的观赏价值，对了解该地区的水文、地貌发育演化史也有十分重要的意义。主要景点有箐口天坑、牛鼻洞天坑、石王洞天坑、打锣凼天坑、天平庙天坑、二王洞、三王洞、麻湾洞、宝塔石林、文凤山苏维埃政府纪念碑等。

武隆县旅游景区简介

　　地下艺术宫殿，洞穴科学博物馆——芙蓉洞。芙蓉洞位于武隆县江口镇的芙蓉江畔，距武隆县城 21 千米，全长 2700 米。芙蓉洞以竖井众多、洞穴沉积物类型齐全、形态完美、质地纯净而著称，其竖井是目前国内外发现的最大竖井群。洞内各种次生化学沉积物琳琅满目、丰富多彩，几乎包括了钟乳石类所有沉积类型，多达 70 多种，芙蓉洞被誉为是一座斑斓辉煌的地下艺术宫殿，一座内容丰实的洞穴科学博物馆，游客称其为"天下第一洞"。该景区于 2001 年被评为国家 AAAA 级旅游区，还被评为中国最美丽的洞穴。2007年 6 月 27 日芙蓉洞与天生三桥、后坪箐口天坑景区一起被列入世界自然遗产名录，成为中国第六处、重庆唯一世界自然遗产，也是中国列入世界自然遗产唯一的洞穴。

　　落在凡间的伊甸园——仙女山国家森林公园。仙女山国家森林公园距武隆县城 33 千米，占地面积 100 平方千米，海拔1650 ~ 2033 米，年平均气温低于 11.2℃。茂密的森林、辽阔的草原、奇秀的山峰、凉爽宜人

的气候、奇丽的冰雪景观，显示出其独特的旅游观赏价值。其林海、奇峰、草场、雪原被游客称为仙女山"四绝"。仙女山的森林面积 33 万亩（约合 22000 平方米），天然草坪数十万亩。南国风光，北国情调，草原与森林绘成壮美的诗篇，素有"南国牧原""山城夏宫""东方瑞士"和"落在凡间的伊甸园"之美誉，是一个巨大的天然大氧吧，现已是重庆休闲旅游的代名词。仙女山是休闲度假、避暑纳凉的绝佳胜地。仙女山曾被评为重庆市"十佳"旅游景区，于 2006 年被评为国家 AAAA 级旅游区。

水上喀斯特原始森林——芙蓉江。芙蓉江集山、水、洞、林、泉、峡于一体，融雄、奇、险、秀、幽、绝为一身，被地质专家确认为罕见的大容量生态型峡谷景观，属国家重点风景名胜区，景区内自然景观丰富。武隆芙蓉江国家重点风景名胜区位于乌江左岸的芙蓉江下游，全长 35 千米，面积 122.5 平方千米。景区内自然景观与人文景观丰富多彩、相得益彰，主要景点有芙蓉洞、芙蓉江峡谷、百汊滩、龙孔飞瀑、玉兔望月、一线天等。该景区于 2002 年 5 月被国务院批准为国家重点风景名胜区。芙蓉江风景名胜区气候宜人，常年平均气温 16℃ 左右，温暖湿润的环境为茂密的植被、繁多的动物提供了条件，在保存完好的原始植被中，栖息、生长着数十种国家一、二、三类保护动物。景区内峡谷众多、风景秀丽。沿江两岸黛石篁竹、峰峦叠嶂；江水碧绿纯净、清澈见底。泛舟江中，可领略大自然之神奇美妙。挺秀青翠的山峦、绚丽多姿的洞穴、丰富多彩的动植物、汹涌奔腾的江流、白练如飞的流泉，以及民风淳朴的少数民族聚居区、历史悠久的文物景点、气势宏大的人文景观——江口水电站工程，共同构成了芙蓉江风景区的独特景观，给人以"水送山迎入芙蓉，一川游兴图画中"之意境。

世界最大的天生桥群——天生三桥。天生三桥景区位于武隆县城东南23千米处，天生三桥奇观属典型的喀斯特地貌景观，具有雄、奇、险、秀、幽、绝等特点，是全国罕见的地质奇观生态型旅游区，被探险专家和地质专家赞为"地球遗产，世界奇观"。景区内以三座规模宏大、气势磅礴的天生石桥最具吸引力，是世界最大的天生桥群。景区风景秀丽，山、水、瀑、峡、桥构成一幅完美的山水画卷，同时历史悠久，文化底蕴深厚，早在唐朝这里就是官方的驿道，并在坑底设驿站，目前已恢复驿站旧貌，该景区已被评为国家AAAA级旅游区，同芙蓉洞一并被授予国家地质公园称号，2007年6月27日与

芙蓉洞、后坪箐口天坑景区一起被列入世界自然遗产名录，成为中国第六处、重庆唯一世界自然遗产。

地质奇观——龙水峡地缝。龙水峡地缝风景区位于武隆县仙女山镇境内，距县城15千米。地缝是几千万年前由于造山运动而形成，属典型中-深切山峡谷岩溶地貌，是武隆境内又一岩溶地质奇观。峡谷长5千米，游程约2千米，谷深200～500米，规模宏大，气势磅礴。景区玲珑秀丽，风光优美。以峡深壁立、原始植被、飞瀑流泉、急流深潭为其特色。银河飞瀑、九滩十八潭、蛟龙寒窟为其标志性景观。景区内的高山、峻岭、峡谷、流水共同构成一幅完美的山水画卷。龙水峡地缝是一处较好的生态旅游和探险旅游风景区。

生物基因库——白马山自然保护区。白马山距县城15千米，为大娄山余脉，总面积400平方千米。因山上白色岩石居多，山形似马而得名。白马山以气势雄伟著称，以原始森林见长，景区有森林24万亩（约合16000平方米），动植物种类繁多，植物达1200多种，珍稀动物30多种，堪称天然的"生物基因库"。其中高山杜鹃、银杉、华南虎、小熊猫等珍贵物种是原始林区的珍宝。白马山旅游资源十分丰富，保护完好，是森林观光和科学考查旅游的理想之地，也是领略亚热带原始森林风光的最佳去处，被批为市级自然保护区。

山水画廊——乌江。乌江全长1070千米，境内不但具有雄奇险秀的自然景观、丰富多彩的人文景观、独具特色的民族风情，有"千里乌江画廊"之美誉，而且乌江还因为60多年前中国工农红军北上抗日"突破天险"而闻名天下，同时，乌江还是连结长江三峡与张家界、梵净山的天然走廊。乌江旅游资源具备国家级甚至世界级旅游"名品"的开发底蕴，具有极大的开发价值和无限的广阔前景。乌江在武隆县境内流长79千米，由东南向西北经武隆县城奔腾而过。两岸重峦叠嶂、绝壁高耸入云、枯松倒挂、险峻异常；江内石碛密布、激浪冲天、惊涛拍岸，自古有"天堑"之称。乌江之险在于峡中有滩，滩峡枥比，闻名的有八峡八滩，最著名的有羊角滩、江门峡和咸山峡。

自娱自乐——黄柏渡漂流。黄柏渡漂流位居武隆县长途河最精华河段，距武隆县城仅8千米，属浅水型生态自助型漂流。黄柏渡漂流

走进奇妙的天坑群 . . .

自长途河上游的黄泥槽起漂，漂程7千米，至黄柏渡黄鱼峡终漂，全程约需2小时。漂流时，乘2人、3人或4人橡皮艇，自操船桨，漂流于绿波之上，穿行于青山之间，或一路嬉戏，或一路高歌，或凝神静气，顿生远离城市喧嚣、物我两忘之感。船行河中，经九弯八滩，观古老水车，听流泉鸟啾，穿岩矸竹道，过铁索吊桥，戏白色沙滩，赏田园风情，自娱自乐，自然浪漫。黄柏渡漂流是武隆继芙蓉江漂流后又一独具特色的自助漂流，交通便利，旅游区位好，是武隆又一处集休闲、度假和生态旅游的绝好去处。

著名天坑的形成

◆小寨天坑

小寨天坑位于距重庆市奉节县城91千米的荆竹乡小寨村，"天坑"在地理学上叫"岩溶漏斗地貌"。坑口地面标高1331米，深666.2米，坑口直径622米，坑底直径522米。

天坑四周陡峭，四面绝壁，如斧劈刀削，有几个悬泉飞泻坑底，气势恢宏。坑壁有两级台地：位于300米深处的一级台地，宽2～10米，台地有两间房屋，曾有人在此隐居；另一级台地位于400米深处，呈斜坡状，坡地上草木丛生，野花烂漫。在坑壁的东北方向，有一条2800余级的石径小道蜿蜒盘旋至坑底。坑底下边有地下河，小寨天坑是地下河的一个"天窗"。坑底的暗河从高达数十米的洞中飞奔而出，咆哮奔腾，再从坑底破壁穿石而出，形成了美丽如画的迷宫河。在天坑底部还有小山，山中幽静，可以仰视蓝天，即所谓的"坐井观天"，别有一种滋味。小寨天坑当称"天下第一坑"，属当今世界洞穴奇观之一。

　　小寨天坑与天井峡地缝属同一岩溶系统，天坑底部的地下河水由天井峡地缝补给，自迷宫峡排泄，从天坑至迷宫峡出口的地下河道长约4千米。天井峡地缝是一条天然缝隙，全长14千米，分上、下两段。上段从大象山至迟谷槽，长约8千米，为隐伏于地下的暗缝。由大象山天井峡能进入

缝底，通行长度为3.5千米。缝深80～200米，底宽3～30米，缝两壁陡峭如刀切，是典型的"一线天"峡谷景观。缝底有落水洞，暴雨后有水流。下段由天坑至迷宫峡，是

长约 6 千米的暗洞，1994 年 8 月，由英国洞穴探险家探通，有玉梭瀑布、犁头湾瀑布、变幻峰、巨象探泉、石观音、鬼门关、阴阳缝、双凤洞等景点。天坑地缝享有世界奇观之美誉。

奉节小寨天坑自 20 世纪末被发现后，关于它的成因便一直备受科学界关注。有的人说天坑是数亿年前陨星撞击地球所成。近年来，经过中外地质学家的实地考证后，一种地陷形成说逐渐统领了整个学术

界，这种说法认为，小寨天坑是由地下暗河冲击碳酸盐岩层而引起岩层塌陷而形成的地质奇观。

经过地质学家们长期考查结果总结出，天坑一般都出现在峰丛喀斯特地貌，且地面河流切割很深的地区。天坑的形成可以分为三个阶段：

（1）先是有地下河流。

（2）如果地质条件有利，由于水的长期冲蚀，就会形成地下大厅。

（3）地下大厅垮塌后就形成了天坑。

天坑的形成至少要同时具备以下六个条件：

（1）石灰岩层要厚。只有足够厚的岩层才能给天坑的形成提供足够的空间。

（2）地下河的水位要很深。

（3）包气带（含气体的岩层）的厚度要大。

（4）降雨量要大，这样地下河的流量和动力才足够大到足以将塌落下来的石头冲走。

（5）岩层要平。从天坑四周的绝壁看就会发现，岩层与地面是平行的，就像一层层的石板堆在四周一样。只有这样的岩层才能垮塌。

（6）地壳要抬升。地壳的运动会给岩层的垮塌提供动力。

小寨天坑的形成就同时具备了这样的条件。它在峰丛喀斯特地貌地区，长江三峡切割很深，海拔才

100 米左右，而天坑地下河的海拔在 600 米左右。只有形成落差，流动的地下水才有足够的势能造出这样的天坑。

在小寨天坑的底部，地下河的水从来水洞中流出，从出水洞中流走，水量很大，流速也很快。来水洞和出水洞都在天坑的东侧，两个洞相距只有几十米，高达 100 多米。洞的上方是 600 多米的绝壁。在天坑底部的西面是一个斜坡，那是从上面塌落下来的石头形成的。

小寨天坑是十分典型的天坑。大约两三百万年前，在长江三峡形成之后，这里形成了一条地下河。这里的石灰岩层很厚，包气带也很厚，而且岩层是平的。地表的雨水从岩缝中渗下，逐渐将坚硬的岩石侵蚀，岩石开始在地壳的运动中塌落，塌落的岩石被地下河的水冲走。经过漫长的岁月，形成了一个巨大的地下大厅，再经过无数年，四周的石头都塌落到坑中，天坑就形成了。

◆天坑地缝

天坑地缝风景名胜区位于重庆市奉节县境内，是一个以山岳喀斯特地貌为特征的独具特色的峡谷自

然景观，集"雄、奇、险、秀"于一身，为国家级重点风景名胜区。

天坑地缝地处奉节县城南岸38千米处，幅员面积456平方千米，北边紧靠全国十大风景名胜之一、中国旅游胜地四十佳长江三峡第一峡——瞿塘峡、历史名胜白帝城，东南与张家界相通，东邻巫山龙骨坡古人类文化遗址。由小寨天坑景区、天井峡地缝景区、九盘河景区、茅草坝景区、迷宫河景区和龙桥河景区等六部分组成，全区共有各具特色的景点70余个。

景区内分布着大小喀斯特漏斗数不胜数，无数的世界级地下暗河交错分布，千奇百怪的溶洞形式各异，几乎囊括了当今世界喀斯特地质地貌奇观的巅峰之作，有"地质博物馆"的美誉。小寨天坑坑口直径626米，坑底直径522米，坑深666米，总容积11934.8万立方米，是几座山峦间凹下去的一个椭圆形大漏斗。天井峡地缝是在两座平等的山峦之间形成的一条大裂缝，全长37千米，呈"V"字形，悬崖垂直深度达200多米，最宽处达近百米，最窄处仅容人侧身通行。

景区小寨天坑在体量上按深度、总容积、口部面积等指标来衡量，居全世界以塌陷成因为主的天坑之首，而地缝为世界罕见的地缝式峡谷中的佼佼者，在峡谷的长度、狭窄度、谷地类型的多样性、典型性等方面，均为世界级岩溶景观，具有极高的美学观赏价值和科学研究价值。由天坑、多种岩溶谷地构成的地表形态和地下化石岩溶洞穴、现代地下河系统共同组成统一的岩溶水文－地貌系统，如果对其进行系统的、多学科的研究，不仅会深化岩溶研究，而且对阐明长江三峡的发育演化史有极重要的意义，从而构成地球演化史中最新一章——第四纪演化史的重要例证。小寨天坑和地缝式峡谷是在漫长的地质历史时期中，经过内外地质营力的作用而形成，具有

稀缺性、典型性和不可再生性的自然遗产属性。

景区旅游资源不仅丰富而且相对集中，九盘河、迷宫河、旱夔门、天坑、地缝、龙桥河、茅草坝等组成了集"漂流、攀岩、探险、休闲、度假"等为一体的旅游小环线，是中外探险家公认的科考、探险的理想场地。同时景区还有各种珍稀动植物群和独特的土家族民俗风情，更是引人入胜。

天坑地缝旅游区旅游资源具有品位极高、特色极浓的垄断性，景区各类旅游基础设施完善，成为长江三峡旅游业中的佼佼者。1996 年，天坑地缝风景区被重庆市人民政府命名为"省级风景名胜区"。1999 年被列入联合国"世界自然遗产预备清单"。2004 年初，国务院正式批准天坑地缝景区为"国家重点风景名胜区"。2006 年 2 月，国家建设部批准天坑地缝景区为"中国国家自然遗产"，并被列入世界自然遗产预备清单。

知识百花园

白帝城简介

《早发白帝城》

李 白

朝辞白帝彩云间，千里江陵一日还。

两岸猿声啼不住，轻舟已过万重山。

白帝城位于重庆奉节县瞿塘峡口的长江北岸，三峡的著名游览胜地。原名子阳城，为西汉末年割据蜀地的公孙述所建。白帝城是观"夔门天下雄"的最佳地点。历代著名诗人李白、杜甫、白居易、刘禹锡、苏轼、黄庭坚、范成大、陆游等都曾登白帝，游夔门，留下大量诗篇，因此白帝城又有"诗城"之美誉。

船过奉节，顺流而下，遥望瞿塘峡口，但见长江北岸高耸的山头上，有一幢幢飞檐楼阁，掩映在郁郁葱葱的绿树丛中，这就是三峡的著名游览胜地白帝城。白帝城三面环水，一面傍山，孤山独峙，气象萧森，在雄伟险峻的夔门山水中，显得格外秀丽。从山脚下拾级而上，要攀登近千级石阶，才到达山顶的白帝端门前。在这里可观赏夔门的雄壮气势。绕至庙后，可见蜿蜒秀丽的草堂河从白帝山下入江。

当年公孙述有帝王之心，便令其亲信先造舆论。不久城里城外就流传起一条"重要新闻"，说是城内白鹤井里，近日常有一股白气冒出，宛如白龙腾空，此乃"白龙献瑞"，预兆这方土地上要出新天子了。舆论造足了，公孙述便于公元25年正式称帝，自号"白帝"，并改子阳城为"白帝城"，改城池所在的这座山为"白帝山"。公元37年，东汉开国皇帝汉光武帝刘秀发兵攻蜀，公孙述不敌，战死。蜀人为纪念为位"白帝"，特意在白帝山上修建了一座庙宇，并供奉"白帝像"。这就是现在的白帝庙，而白帝庙后来之所以名声大噪，则是因为与三国英豪搭有一定的关系。公元222年8月，刘备在夷陵之战中大败于东吴，兵退夔门之外。从此刘备一病不起，乃于白帝城附近的永安城（今重庆奉节县的夔州城）永安宫托孤于诸葛亮。约在唐代以前，白帝庙处就增建了祭祀刘备

的先主庙和祭祀诸葛亮的诸葛祠。明代，公孙述的塑像被毁弃，庙内代之以刘备、诸葛亮、关羽和张飞的贴金塑像。从此，"白帝城内无白帝，白帝庙祭刘先帝"。

几经变易，现出土文物陈列室里展示着自新石器时代到清代六七千年间，在白帝城一带出土的文物数百件，新近又落成《杜甫行吟》大型瓷画。

2006 年 05 月 25 日，白帝城作为明朝至清朝古建筑，被国务院批准列入第六批全国重点文物保护单位名单。

第二章　著名天坑大博览

据调查显示，在全世界范围内，天坑的存在数量是相当大的，大大小小的天坑散布于广袤的地球之上，有些还是非常有名的自然旅游景点，深受广大旅游爱好者的青睐。其中世界十大天坑有：土库曼斯坦达尔瓦扎天然气坑洞、俄罗斯乌达奇纳亚钻石矿洞、洪都拉斯、美国宾汉姆大矿坑、危地马拉污水洞、俄罗斯米尔金刚矿场、加拿大戴维克钻石坑洞、美国加州蒙地赛罗水坝、南非金伯利钻石坑矿、智力 Chuquicamata 铜矿坑；世界最著名的天坑：危地马拉天坑、佛罗里达州的温特帕克天坑和马尔伯里天坑、美国皮谢尔陷坑、冰岛陷坑、墨西哥伊克·基尔天然井、葡萄牙里斯本陷坑、阿拉巴马州"永不沉没之坑"；中国著名天坑：重庆天坑群、四川天坑群、贵州天坑群、广西天坑群以及广东"通天箩"洞穴。本章将把世界上存在的天坑一一展示给读者，使读者对这些著名的天坑有更加深层次的了解。

世界十大天坑

◆土库曼斯坦达尔瓦扎天然气坑洞

1971 年，地质学家发现土库曼斯坦达尔瓦扎地区蕴藏着大量的地下天然气，在常年的开采过程中，由于不慎出现钻探环状坍塌，从而形成了一个非常大的坑洞。为了防止有毒气体溢出，土库曼斯坦政府允许对坑洞中的天然气进行燃烧，这个坑洞从白天到晚上一直处于熊熊烈火的燃烧状态。因此，这处燃烧的天然气坑洞也被人们称为"地狱之门"。

这个神奇的洞穴位于乌克兰南部小镇达瓦兹附近。据说，35 年前，苏联的一支钻探队和地理科学家在该地区考察钻探天然气资源，突然之间所有钻探设备以及临时营地都掉进了这个"神秘地穴"。

因为洞里充满了天然气，没有人敢接近，为了防止毒气逸出，无奈之下，钻探队员点燃了洞口的气体，而这一烧就烧到了今天，已经燃烧了整整 35 年，人们也不清楚它还会燃烧到什么时候，也可惜了这些天然气被白白地浪费掉，不过洞中的储气量，看起来似乎是无穷无尽。

为什么要将土库曼斯坦达尔瓦扎天然气坑洞燃烧而不开采呢？原因是

来不及开采。这种现象在天然气产区是十分常见的。如果打了一口井喷出了气，而附近有没有输送或储藏设备（或者能力不足），又不能封闭井口的时候，就只有将其点燃。它那个洞没法堵，为了安全起见，让它持续燃烧比聚集大量气体后产生爆炸好得多。

知识百花园★

土库曼斯坦概况

土库曼斯坦是仅次于哈萨克斯坦的第二最大中亚国家：世界面积排名第52位。土库曼斯坦为中亚西南部的内陆国。西濒里海，北邻哈萨克斯坦，东北部与乌兹别克斯坦接壤，东接阿富汗，南接伊朗。

全境大部是低地，平原多在海拔200米以下，80%的领土被卡拉库姆大沙漠覆盖。南部和西部为科佩特山脉和帕罗特米兹山脉。主要河流有阿姆河、捷詹河、穆尔加布河及阿特列克河等，主要分布在东部。横贯东南部的卡拉库姆大运河长达1450千米，灌溉面积约3000平方千米，是世界上最大的灌溉以及通航运河之一。

石油和天然气是土库曼斯

坦国民经济的支柱产业，农业主要要有石油、天然气、芒硝、碘、该国绝大部分土地是沙漠，但地下蕴藏着丰富的石油和天然气资源。天然气探明储量为22.8万亿立方米，约占世界总储量的四分之一，石油储量120亿吨。石油产量从独立前的年产300万吨增加到现在的1000万吨，种植棉花和小麦。矿产资源丰富，主有色及稀有金属等。

天然气年产量达到600亿立方米，出口450亿到500亿立方米。肉、奶、油等食品也已完全能够自给自足。土库曼斯坦还新建了多座火电站，本国公民用电全部免费。2004年国内生产总值达190亿美元，比上一年增长21.4%，人均生产总值近3000美元。

◆俄罗斯乌达奇纳亚钻石矿洞

俄罗斯乌达奇纳亚钻石矿洞是俄罗斯一处钻石矿，矿主计划于2010年停止采矿，这样将有利于地下开采。乌达奇纳亚钻石矿是于1955年被发现，现已被挖掘600米深。

◆洪都拉斯蓝洞

洪都拉斯伯利兹市附近海域有一处叫做"蓝洞"的水下坑洞，这个大洞直径为304.8米，深122米。它是在冰河时代末期形成的一个石灰石坑洞。洪都拉斯蓝洞被称为世界十大地质奇迹之一。

走进奇妙的天坑群

曾是一个巨大的岩洞，多孔疏松的石灰质穹顶因重力及地震等原因而很巧合地坍塌出一个近乎完美的圆形开口，成为敞开的竖井。当冰雪消融、海平面升高以后，海水便倒灌入竖井，形成海中嵌湖的奇特蓝洞现象。

蓝洞近137米的深度及洞内的钟乳石群显然不适合于一般潜水者探访，而且这里的鲨鱼品种繁多，因此身处神秘森幽的海下洞穴，有着神出鬼没的鲨鱼环伺在侧，恐怕没谁会感觉安全。但也正因如此，蓝

洪都拉斯蓝洞位于大巴哈马浅滩的海底高原边缘的灯塔暗礁处，完美的圆形洞口四周由两条珊瑚暗礁环抱着。关于它的成因，科学家们经过无数实地勘察及分析，如今早已大白于天下。巴哈马群岛属石灰质平台，成形于一亿三千万年前。在二百万年前的冰河时代，寒冷的气候将水冻结在地球的冰冠和冰川中，导致海平面大幅下降。因为淡水和海水的交相侵蚀，这一片石灰质地带形成了许多岩溶空洞。蓝洞所在位置也

洞才犹如充满魔力的磁场一般，强烈地吸引着全世界勇敢的潜水爱好者们前来亲身体验一探究竟，使其成为全球最负盛名的潜水圣地之一，颇有"平生不潜此蓝洞，即称高手也枉然"之意。

知识百花园

洪都拉斯概况

洪都拉斯国土面积约 11.2 万平方千米，位于中美洲北部。北临加勒比海，南濒太平洋的丰塞卡湾，东、南同尼加拉瓜和萨尔瓦多交界，西与危地马拉接壤。全境四分之三以上为山地和高原。山脉自西向东伸延，内陆为熔岩高原，多山间谷地，沿海有平原。热带气候，沿海平原属热带雨林气候。年平均气温 23℃；雨量充沛，北部滨海地带和山地向风坡年降水量高达 3000 毫米。重要河流有帕图卡河、乌卢阿河。森林面积约占全国面积的一半，盛产优质木材。矿藏有银、金、铅、锌、铜等。

洪都拉斯以农业为主，工业基础相当薄弱，盛产香蕉、咖啡以及棉花、

椰子、烟草、甘蔗等。经济活动和人口主要集中在首都和圣佩德罗苏拉为中心的中西部，东部人口稀少。工矿业多小型企业，有纺织、烟草、制糖、乳品、木材加工、冶金、化学等。矿业以银矿开采为主。输出以香蕉、咖啡为主，约占出口总值的一半以上，还有木材、马尼拉麻和矿产品；进口纺织品、食品、机器设备、石油制品等。

◆美国宾汉姆峡谷铜矿坑

宾汉姆峡谷铜矿位于犹他州奥克

尔山脉。

宾汉姆大矿坑是世界上最大的露天铜矿场，它坐落在盐湖城西南方的宾汉姆峡谷，又被称为宾汉姆峡谷铜矿场。远远看去犹如巨大的旋转楼梯，直通地底。它所开采出的铜矿产量占全美的三分之一。

这里曾经是一座高山，在历经了人类差不多一百年的不停开采挖掘之后，如今已经成为一个深不可测的地穴，矿坑深1200米，宽4000米。这使得宾汉姆峡谷铜矿坑成为当前世界上最大的人为挖掘矿坑。

◆危地马拉污水池洞

2007年，危地马拉突然出现地面塌方，十几处房屋瞬间落入一个91米深的污水池洞，从而导致2人死亡，数千人被迫撤离该区域。经地质专家考查发现，这个塌方的污水池是由于雨水和地下污水流动造成的。

◆俄罗斯米尔钻石矿坑

米尔钻石矿坑位于俄罗斯东西伯利亚地区，是世界上最大的人造地穴，它深约525米，入口直径达到了1200米。如果一辆重220吨的掘土机沿着洞内壁的螺旋式道路前往洞底然后再回到地面，需要花费将近两个小时才能完成。从远处望去，简直就是一个

地面上凭空出现的漩涡。正是因为此地洞太大，以至于它的上空真的会形成一个气流漩涡。据说，直升机和小型飞机都能够被吸进洞里去。

俄罗斯政府机关2004年4月正式关闭该矿。在它最辉煌的时候，钻石矿平均每年能产大约200万克拉（合400千克），其价值大约为2000万英镑（约合2.0593亿人民币）。

◆加拿大戴维克钻石矿洞

加拿大耶洛奈夫东北处有一个奇

容纳一架波音 737 为其服务。在冬季这个矿井的水结了冰，从高处看下去非常的漂亮。这便是戴维克钻石矿洞。

戴维克钻石矿洞位于加拿大西北领地，这处矿场最初是在 2003 年开采挖掘，每年可以生产 800 万克拉或相当于 1600 千克的钻石。

戴维克钻石矿现为露天矿，计划在 2010 年初开始地下生产。到 2012 年，戴维克预计露天开采将停止，届时戴维克将完全成为一个地下矿山。

妙的矿井。它的占地面积非常巨大，它甚至可以拥有自己的机场跑道，可

加拿大资源

加拿大地域辽阔，森林和矿产资源丰富。矿产有 60 余种，镍、锌、铂、石棉的产量居世界首位，铀、金、镉、铋、石膏居世界第二位。铜、铁、铅、钾、硫磺、钴、铬、钼等产量丰富。已探明的原油储量为 80 亿桶。森林覆盖面积达 440 万平方千米，产材林面积 286 万平方千米，分别占全国领土面积的 44% 和 29%；木材总蓄积量为 172.3 亿立方米。加拿大领土面积中有 89 万平方千米为淡水覆盖，占世界淡水资源总量的 9%。

◆美国加州蒙地赛罗水坝

蒙地赛罗水坝（又称蒙蒂塞洛水坝）位于美国加州绿帕县，其大型循环泄洪道（被称作光荣洞是世界七大人造洞穴之一）的作用是在蒙蒂塞洛水坝存储能力达到极限的时候，把多余的水量尽快的排出。根据数据显示，光荣洞完全打开时蒙蒂塞洛美每秒的出水流量可达 48400 立方英尺（约合 1370 立方米）。

◆南非金伯利钻石矿坑

南非是当今世界的第五大钻石生产国。金伯利位于南非开普省，是世界上有名的钻石之都。金伯利

最出名的除了世界闻名的钻石以外，还有这个巨型的钻石开采场，也称金伯利大洞。

南非金伯利的"大洞"即金伯利钻石矿坑是世界上最大的人工开挖井坑。金伯利是世界知名的德比尔斯钻石公司总部所在地，是世界上最早（1869 年）发现金伯利岩型金刚石原生矿床的地方，金伯利大洞建于 1870年，现在世界上一些最大的钻石仍然产于该地。

金伯利大洞是一个著名的旅游胜地，它占地 17 万平方米，方圆 1.6千米。

据统计，从这里挖出 2200 多万吨土，出产了 14504566 克拉钻石（约合 2722 千克），直到 1914 年该矿坑被关闭前，一共产出了约 3 吨金刚石矿。

当时，这一露天矿已有 215 米深，采矿隧道更深则达到 1100 米。

目前，渗水和雨水已淹没了该洞的一半。

地质学家们还发现了其他一些含有钻石的金伯利岩矿管，而且今天在金伯利周围和南非的其他地区还有许多大洞。如今成为旅游者参观的重点景地，以供游人观赏。

知识百花园★

南非黄金与钻石

南非是世界最大的黄金生产国和出口国，2001 年黄金出口占南非出口总额的 11%。南非还是世界主要的钻石生产国，产量约占世界总产量的 8.7%。南非德比尔斯公司是世界上最大的钻石生产和销售公司，总资产为 200 亿美元，其营业额一度占世界钻石供应市场 90% 的份额，目前仍控制着 60% 的世界毛坯钻石贸易。2001 年 5 月该公司被英美公司兼并。

◆智利Chuquicamata铜矿坑

Chuquicamata 是智利的一处铜矿，虽然它并不是世界上铜矿储藏量最大的矿场，但是它目前是全球生产铜最多的矿场。这个矿洞现有 850 米深。

Chuquicamata 铜矿区位于智利 Antofagasta 地区东北 250 千米处，海拔 2800 米，属于露天矿，为智利最古老的铜矿。史前时期，人类即开始在此采矿，1915 年正式投入商业生产。长期以来是智利最大的铜矿，直到最近几年才落后于 Escondida。

目前铜精矿年产量为 51 万吨，产量约 45 万吨。随着资源枯竭，主体矿区的可开采年限为 10 年，但附近其他矿体的资源足够开采 40 年。目前附近矿区开采以及主体矿由露天转为地下的可行性研究正在进行。之后该铜矿

坑的开采将由露天转向地下，预计将于 2012 年产出第一批铜矿。

智利经济状况

智利属于中等发展水平国家。矿业、林业、渔业和农业资源丰富，是国民经济的四大支柱。矿藏、森林和水产资源丰富，以盛产铜闻名于世，素称"铜矿之国"。已探明的铜蕴藏量达 2 亿吨以上，居世界第一位，约占世界总储藏量的 1/3。铜的产量和出口量也均为世界第一。铁蕴藏量约为 12 亿吨，煤蕴

藏量约为 50 亿吨。此外，还有硝石、钼、金、银、铝、锌、碘、石油、天然

气等。智利盛产温带林木，木质优良，是南美洲第一大林产品出口国。渔业

资源丰富，是世界第五大渔业国。工矿业是智利国民经济的命脉。

2001 年，智利工业总产值为 57220.56 亿比索（约合 8635 亿人民币），矿

业总产值 30507.27 亿比索（约合 4604 亿人民币）。工矿业从业人口为 82.9

万人，占总劳动力的 14%。2001 年，农、林业产值 15243.51 亿比索（约合

2300 亿人民币），农业劳动力 70.4 万人，占总劳动力的 12%。耕地面积 1.66

万平方千米。全国森林覆盖面积 1564.9 万公顷，占全国土地面积的 20.8%。

主要林产品为木材、纸浆、纸张等。智利是以经济开放而著称于世的贸易国

家。2003 年出口额首次突破 200 亿美元（约合 1354.1 亿人民币）大关，达到

210.46 亿美元（约合 1424.92 亿人民币）。

世界最著名的天坑

◆2010 年危地马拉天坑

危地马拉巨坑又将天坑这一术语进一步扩展，即意为地面突然塌陷。由于"阿加莎"肆虐的影响，危地马拉首都危地马拉城内有一处出现地面下陷，形成一个深 60 米、直径 30 米的地洞，有一栋 3 层楼建筑随后坠入这个坑里。地质学家表示，危地马拉城的最新天坑是由管道泄漏引发，并非自然现象。由于危地马拉城部分市区地面不是处于固体基岩之上，而是一层松弛的、由碎石构成的火山浮石，因此通常有数百英尺厚。总体而言，危地马拉重复发生此类塌陷事件的可能性较大，但却非常难以预测。

◆2007年危地马拉天坑

2007 年，危地马拉城也曾出现过一个类似的天坑，而且距离 2010 年出现的那个天坑不远。这个天坑的直径约为 60 英尺（约合 18 米），深约 300 英尺（约合 100 米），当时有 3 人死亡。虽然已经全用大块石头和其他碎片将天坑填满，但是随着时间推移，在水的侵蚀和空气的烘燥作用下，还会引起天坑向内倾斜。

以美国佛罗里达州的温特帕克天坑为例，它与危地马拉天坑倾斜度相同，深度约为 100 英尺（约合 30 米）。但是，佛罗里达州有"阳光州"之美誉，光照充足，使得天坑在大约 24 小时

内慢慢地发生了倾斜。

◆佛罗里达州温特帕克天坑

1981 年，佛罗里达州温特帕克市的一个公共游泳池下面出现了一个天

坑。专家称，这个天坑的形成可能是由于水通过游泳池底的小裂缝渗入下面的土壤，侵蚀下面的固体石灰岩层，导致地面塌陷而形成的。美国地质勘测局绘制了遍布全美的基岩类型。科学家仍需要对地下裂缝和水流经这些裂缝的方式进行广泛研究，以便对发生天坑的地点进行预测。

走进奇妙的天坑群

◆佛罗里达州马尔伯里天坑

1994 年，在佛罗里达州的马尔伯里市出现了一个深约 185 英尺（约合 56 米）的天坑，发生塌陷的地方位于采矿企业 IMC-Agrico 倾倒的一堆废料。该公司当时正在开采岩石以提取磷酸盐。磷酸盐是一种化学物质，是化肥的主要成分，主要用于制造磷酸，以及增强苏打和各种食品的味道。然而，在磷酸盐从岩石中提取出来以后，主要成分是石膏的废料被作为泥浆过滤了出来。随着一层层的石膏被晒干，就形成了裂缝，就像出现在干燥泥团上的裂缝。后来，水在裂缝中不断流动，将地下物质卷走，为天坑的形成创造了条件。

◆美国皮谢尔陷坑

长年开采锌矿和铅矿让俄克拉荷马州与堪萨斯州交界附近皮谢尔的地面布满了陷坑。俄克拉荷马州皮谢尔的陷坑是由于长年开采锌矿和铅矿所致。矿场在挖掘过程中由于距离地面太近，顶部又无法支撑上方土壤的重量，所以最终导致塌陷。

◆冰岛陷坑

冒险家米克·科伊纳和他的皮划

艇沿着冰岛第二长河——乔库尔萨河上游一个陷坑的坑壁下降。乔库尔萨河的河水来自一条冰川的融水，这个深150英尺（约合45米）的倒扣漏斗形陷坑是由下方地热喷口喷出的上升蒸汽所致。

◆墨西哥伊克·基尔天然井

墨西哥伊克·基尔天然井位于墨西哥古玛雅遗址尤卡坦半岛奇琴伊察附近，由于该天坑到海平面的位置充满了水，它的深度与地下水位相同，从而形成著名的蔚蓝色水池。经常能看到一群群的游泳爱好者来这里尽情享受游泳的乐趣。此外，玛雅王室也会在这里的水池内放松身心和举行祭祀仪式。

玛雅城邦遗址

奇琴伊察玛雅城邦遗址曾是古玛雅帝国最大最繁华的城邦。遗址位于尤卡坦半岛中部。始建于公元514年。城邦的主要古迹有：千柱广场，它曾支撑巨大的穹窿形房顶，可见此建筑物之大；武士庙及庙前的斜倚的两神石像；9层，高30米的呈阶梯形的库库尔坎金字塔；圣井（石灰岩竖洞）和筑在高台上呈蜗形的玛雅人古天文观象台，称"蜗台"。

玛雅文明是中美洲古代印第安人文明以及美洲古代印第安文明的杰出代

表，以印第安玛雅人而得名。主要分布在墨西哥南部、危地马拉、伯利兹以及洪都拉斯和萨尔瓦多西部地区。约形成于公元前2500年，公元前400年左右建立早期奴隶制国家，公元3~9世纪为繁盛期，15世纪衰落，最后被西班牙殖民者摧毁，此后长期湮没在热带丛林之中。

玛雅文明基本上属新石器时代和铜石并用时代，工具、武器全为石制和木制，黄金和铜在古典期之末才开始使用。农业技术简单，耕作粗放，不施肥，也无家畜，后期有水利灌溉。手工制品有各种陶器、棉纺织品等。不同村落和地区间有贸易交换关系。玛雅人的建筑工程达到古代世界高度水平，能对坚硬的石料进行雕镂加工。建筑以布局严谨、结构宏伟著称，其金字塔式台庙内以废弃物和土堆成，外铺石板或土坯，设有石砌梯道通往塔顶。其雕刻、彩陶、壁画等皆有很高的艺术价值，著名的博南帕克壁画表现贵族仪仗、战争与凯旋等，人物形象千姿百态，栩栩如生，是世界壁画艺术的宝藏之一。

玛雅文明的天文、数学达到很高成就。通过长期观测天象，已掌握日食周期和日、月、金星等运行规律，约在前古典期之末已创制出太阳历和圣年历两种历法。前者一年13个月，每月20天，全年260天；后者一年18个月，每月20天，另加5天忌日，全年365天，每4年加闰1天。每天都记两历日月名称，每52年重复一周，其精确度超过同代希腊、罗马所用的历法。数学方面，玛雅人使用"0"的概念比欧洲人早800余年，计数使用二十进位制。玛雅文明的另一独特创造是象形文字体系，经过长期的训练，将其文字以复杂的图形组成后，刻在石建筑物如祭台、梯道、石柱等之上。现已知字符约800余，但除年代符号及少数人名、器物名外，多未释读成功。当时还用树皮纸和鹿皮写书，内容主要是历史、科学和仪典，但至今尚无法释读。

玛雅文明的早期阶段围绕祭祀中心形成居民点，古典期形成城邦式国家，各城邦均有自己的王朝。社会的统治阶级是祭司和贵族，国王世袭，掌管宗教礼仪，规定农事日期。公社的下层成员为普通的农业劳动者和各业工匠。社会最下层是奴隶，一般来自战俘、罪犯和负债者，可以自由买卖。玛雅诸邦在社会发展上与古代世界的初级奴隶制国家相近，但

走进奇妙的天坑群 ...

具体情况尚无详细资料说明。

　　玛雅人笃信宗教，文化生活均富于宗教色彩。他们崇拜太阳神、雨神、五谷神、死神、战神、风神、玉米神等神。太阳神居于诸神之上，被尊为上帝的化身。另外，玛雅人行祖先崇拜，相信灵魂不灭。玛雅国家兼管宗教事务，其首都即为宗教中心。

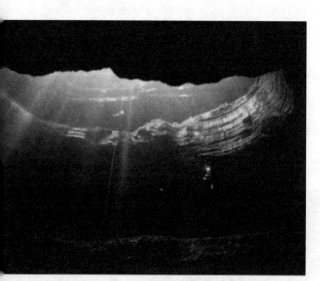

◆葡萄牙里斯本陷坑

　　2003 年拍摄于葡萄牙里斯本，一辆不幸的巴士成为街道上一个大陷坑的"午餐"。密苏里州的专家表示，这次陷坑的形成是由于水流入地下土壤的原因加速了陷坑的形成。在很多城市，下水道、光缆等公共基础设施埋入填满松散料的沟槽内，这些充填料会随时间推移最终被冲走。

◆阿拉巴马州"永不沉没之坑"

　　1998 年，人们发现了阿拉巴马州"永不沉没之坑"，这是一个石灰石陷坑，深度大约在 50 英尺（约合 15 米）左右，里面生活着罕见的蕨类植物。20 世纪 90 年代，一群探洞者买下了这个陷坑，并通过这种方式为子孙后代保护了这个自然奇观。

中国著名天坑

◆重庆天坑群

1. 重庆奉节小寨天坑群

重庆奉节小寨天坑位于距重庆奉节县城 91 千米的荆竹乡小寨村，靠近长江三峡，此天坑为椭圆形，直径 626 米，深度 662 米，总容积 1.19 亿立方米。天坑在喀斯特地貌学上称为"漏斗"，据专家考证，小寨天坑是世界上迄今为止发现的最大的"漏斗"，被誉为"天下第一坑"。重庆市奉节县小寨天坑被国家建设部入选为首批《中国国家自然遗产、国家自然与文化双遗产预备名录》。

"天坑"在地理学上叫"岩溶漏斗地貌"。小寨天坑坑口地面标高 1331 米，深 666.2 米，坑口直径 622 米，

坑底直径 522 米。坑壁四周陡峭，在东北方向峭壁上有小道通到坑底。坑壁有两级台地，位于 300 米深处的一级台地，宽 2 ~ 10 米，台地有两间房屋，曾有人隐居；另一级台地位于 400 米深处，呈斜坡状，坡地上草木丛生，野花烂漫，坑壁有几个悬泉飞

泻坑底。站在坑口往下看，一削千丈的绝壁直插地下，深不见底，令人目眩。坑底下边有地下河，小寨天坑是地下河的一个"天窗"。站在坑底抬头仰视，只见蓝天好像一轮圆月，颇有"坐井观天"之感。小寨天坑与天井峡地缝属同一岩溶系统，天坑底部的地下河水由天井峡地缝补给，自迷宫峡排泄，从天坑至迷宫峡出口地下河道长约4千米。天坑内不仅有众多暗河，还有四通八达的密洞。而这些河岸究竟有多少珍奇的动植物，这个答案谁

也不知道。天坑中的洞穴群更是奇绝险峻，近年来各国探险家曾多次进行探险考察，但目前仍未完全了解天坑中许多洞穴的情况。他们都认为这里是世界上第一流的魔幻式洞穴群。科学家们还在许多洞穴中，发现不少珍稀动植物和古生物化石。名震中外的"巫山猿人"化石，就是在距小寨天坑二三十千米外的巫山龙骨坡发现的。

小寨天坑的底部有一条巨大的暗河，暗河的水来自一条被当地人称为"地缝"的神秘峡谷。天井峡地缝位

于小寨村附近的兴隆区境内。地面有一条天然缝隙，当地称天井峡地缝。天井峡地缝与小寨天坑属同一岩溶系统。地缝全长 14 千米，分上、下两段。上段从兴隆场大象山至迟谷槽，长约 8 千米，为隐伏于地下的暗缝。由兴隆场大象山天井峡能进入缝底，通行长度为 3.5 千米。缝深 80 ～ 200 米，底宽 3 ～ 30 米，缝两壁陡峭如刀切，是典型的"一线天"峡谷景观。缝底有落水洞，暴雨后有水流。下段由天坑至迷宫峡，是长约 6 千米的暗洞，该暗洞于 1994 年 8 月，由英国洞穴探险家探通。

中外探险家多次来到这里开展科考探险活动，已探测洞穴近 100 个，探明地下暗河 100 余千米，植物种类 2000 余种，发现了珙桐、桫椤、红豆杉等珍贵植物和大鲵、玻璃鱼、林麝等近 20 种珍稀动物。科学家们认为，天坑地缝不仅是构成地球第四纪演化史的重要例证，更是探寻长江三峡成因的"活化石"。

离小寨天坑不远，还有一处与三峡夔门几乎一模一样的峡谷，当地人称为"旱夔门"。从旱夔门往里，地势险峻，

人们无法进入，因此至今仍未探明。

2. 重庆武隆后坪乡冲蚀天坑群

重庆武隆后坪乡天坑群是世界唯一由地表水冲蚀而成的天坑群，位于武隆后坪境内。景区总面积 38 平方千米。因位于海拔 1300 米的分水岭地区的喀斯特台面，加之强烈的构造抬升，该台面上各种规模的喀斯特陷坑地貌十分发育，分布有众多的落水洞、竖井、塌陷漏斗（天坑）、峡谷、石柱、石林、溶洞等地质遗迹。

重庆武隆后坪乡天坑群景区内的阎王沟岩溶峡谷全长 2300 米，总深度约 500 米，是盲谷式现代峡谷，谷深林幽，特别是下段，谷底深切，两岸下部近直立，宽度及小，气势逼人，行走其中，感受别样，具有一定的观赏价值，对了解该地区的水文、地貌发育演化史也有重要意义。

重庆武隆后坪乡主要景点有箐口天坑、牛鼻洞天坑、石王洞天坑、打锣凼天坑、天平庙天坑、二王洞、三王洞、麻湾洞、宝塔石林、文凤山苏维埃政府纪念碑等。

牛鼻洞

在熊耳山国家地质公园境内，有一条大河，名曰西伽河。河上横着一道水坝，河水漫过，形成一道几十米宽的水帘，夕阳照射下熠熠生辉。河面倒映着山峦、浮云，山风吹袭，随风颤动，给人带来许多惬意。沿坝涉水过河，对面山麓的石壁下便是牛鼻洞了。手足并用，攀岩十多米来到洞前。原来牛

鼻洞有两个大小相同的洞口，中间隔一道灰黄色砂岩，两洞夹以岩，远远望去颇似牛鼻。《峄县志》记载："牛鼻洞，泉自牛鼻洞岩侧出，四窦竞出，激珠喷花，饶有奇致。"有当地农民介绍，史书上记载的场面，只能在滂沱大雨过河时才能出现。

如果有游览的雅兴，屈伸钻进洞口，不远处便是一圆形拱顶大窟，高不过两米，洞体却宽敞。在洞口进来的两束光线照射下，洞内显得格外柔和宁静。

牛鼻洞前侧有一道裂隙，从上到下五米多高，一米多宽。从中射下一束光，恰是一道白光的帷幕，将洞穴一分为二。洞壁上垂有一条灰黄色石钟乳，体似一条小黄龙，龙鳞片片，光影斑斑，正飞腾向上，似欲钻出裂隙，一展雄姿。牛鼻洞中还有三个幽深的小洞，顺着稍大的一个洞口向里爬行，洞形似蛇曲

进五六米，不能再进。俯耳细听，前方很远处有潺潺流水声。向洞里投一石块，黑暗中传来闷雷似的声响，这洞到底有多深，恐怕谁也不清楚。

走出洞口，回头再看牛鼻洞，那高兀的巨梁山巅，正像是一头大青牛的脊梁，那直下河崖的山坡正是牛的脖子，岸上峥嵘的石壁恰是大青牛的头角，它把黝黑的鼻尖伸向西伽河，构成了一副美妙的《青牛饮水图》。

3. 重庆武隆天生三桥天坑群

武隆旅游资源得天独厚，十分丰富，具有风格各异、互补性强的显著特征，旅游资源丰富，著名的天生三桥是世界最大的天生桥群。2007年6月27日，在第31届世界遗产大会上，被成功列入"世界遗产名录"。

（1）天龙桥

天龙桥为羊水河峡谷上的第一座天生桥，又名头道桥，高大厚重、气势磅礴，以雄壮称奇。桥高235米，桥厚150米，平均拱桥高度96米。

拱孔跨度20～75米，平均34米，桥面宽度147米。

天龙桥桥下发育有两个穿洞，左（南）侧的穿洞称为迷魂洞，洞底高出右（北）

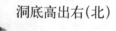

侧穿洞120米。洞壁有大量的破痕、窝穴及溶孔等水流活动的痕迹，地下伏流曾经从左穿洞流过，后来龇弯取直改道为右侧的穿洞。

（2）青龙桥

青龙桥为羊水河峡谷上的第二座天生桥，又名中龙桥，因雨后飞瀑自桥面倾泻成雾，日照成彩虹，似青龙扶摇直上而得名。桥面高度为281米，是三座天生桥中最高的；平均拱孔高度103米；桥面厚度168米，拱孔跨度13～58米，平均31米；桥面宽124米。

青龙桥以高大著称，达281米，为世界喀斯特天生桥高度之最。从桥下仰视，拱孔高旷，壁立千仞；洞顶逐次崩塌断面呈弧形平行分布，展示着天坑、天生桥的形成以及演化过程。

（3）黑龙桥

黑龙桥为羊水河峡谷上位置最下游的天生桥，桥名古已有之，因其拱洞幽深暗黑，似有一条黑龙蜿蜒于洞顶而得名。桥面高223米，平均拱孔

高116米，为三桥中最高者；桥厚107米；拱孔跨度16～49米；桥面宽达193米，也为三桥中宽度最大的。

黑龙桥洞道的侧壁及顶部窝穴、溶孔、天锅、流痕等溶蚀形态十分普遍，反映了古伏流的水流特征。洞壁北侧发育有雾泉、珍珠泉、一线泉、三叠泉等4处悬挂泉，风格迥异。

谷，谷深 230～400 米，宽 100～200 米，两岸山峰高耸，峭壁绵延。谷壁上发育有多个早期形成的流入型和为宫型洞穴。

由于第四纪（260 万年前）以来地壳抬升和河谷深切，乌江对羊水河的袭夺，羊水河上游的地表水已经从猴子坨进入喀斯特含水层，从 12 千米以外的乌江排出。其下游已成为干谷，仅有季节性的水流和泉水补给，基本停止纵深发育。

（4）龙门峡

天龙桥以上至猴子坨伏流入口，长约 2 千米，为羊水河峡谷第一段，又称龙门峡。龙门峡为箱型峡

🎈 **知识百花园** 🌸

世界遗产名录之中国

至 2009 年 6 月，中国已有 38 处文化遗址和自然景观列入《世界遗产名录》，其中文化遗产 25 项，自然遗产 7 项，文化和自然双重遗产 4 项，文化景观 2 项。

1. 周口店北京人遗址　1987.12　文化遗产

2. 甘肃敦煌莫高窟　1987.12　文化遗产

3. 山东泰山　1987.12　文化与自然双重遗产

4. 长城　1987.12　文化遗产

5. 陕西秦始皇陵及兵马俑　1987.12　文化遗产

6. 明清皇宫：北京故宫（北京）1987.12、沈阳故宫（辽宁）2004.7　文化遗产

7. 安徽黄山　1990.12　文化与自然双重遗产

8. 四川黄龙国家级名胜区　1992.12　自然遗产

9. 湖南武陵源国家级名胜区　1992.12　自然遗产

10. 四川九寨沟国家级名胜区　1992.12　自然遗产

11. 湖北武当山古建筑群　1994.12　文化遗产

12. 山东曲阜的孔庙、孔府及孔林　1994.12　文化遗产

13. 河北承德避暑山庄及周围寺庙　1994.12　文化遗产

14. 西藏布达拉宫（大昭寺、罗布林卡）1994.12　文化遗产

15. 四川峨眉山—乐山风景名胜区　1996.12　文化与自然双重遗产

16. 江西庐山风景名胜区 1996.12 文化景观

17. 苏州古典园林 1997.12 文化遗产

18. 山西平遥古城 1997.12 文化遗产

19. 云南丽江古城 1997.12 文化遗产

20. 北京天坛 1998.11 文化遗产

21. 北京颐和园 1998.11 文化遗产

22. 福建省武夷山 1999.12 文化与自然双重遗产

23. 重庆大足石刻 1999.12 文化遗产

24. 皖南古村落：西递、宏村 2000.11 文化遗产

25. 明清皇家陵寝：明显陵（湖北钟祥市）、清东陵（河北遵化市）、清西陵（河北易县） 2000.11 文化遗产、明孝陵（江苏南京市）、明十三陵（北京昌平区） 2003.7、盛京三陵（辽宁沈阳市） 2004.7

26. 河南洛阳龙门石窟 2000.11 文化遗产

27. 四川青城山和都江堰 2000.11 文化遗产

28. 云冈石窟 2001.12 文化遗产

29. 云南"三江并流"自然景观 2003.7 自然遗产

30. 吉林高句丽王城、王陵及贵族墓葬 2004.7.1 文化遗产

31. 澳门历史城区 2005 文化遗产

32. 四川大熊猫栖息地 2006.7.12 自然遗产

33. 中国安阳殷墟 2006.7.13 文化遗产

34. 中国南方喀斯特 2007.6.27 自然遗产

35. 开平碉楼与古村落 2007.6.28 文化遗产

36. 福建土楼 2008.7.7 文化遗产

37. 江西三清山 2008.7.8 自然遗产

38. 山西五台山 2009.6.26 文化景观

◆四川天坑群

1. 四川达州万源天坑群

在离达州万源竹峪镇千米外的一座山间小平地，发现 100 多个天坑，这些天坑浅则 10 多米，深的却不见底，洞口直径最大的超 30 米。万源竹峪龙马寺溶洞深不可测，龙马寺溶洞在位于竹峪镇约 5 千米外的太平山上，海拔 1000 米左右。溶洞里面石笋、石柱、石幔、石帘参差错落，到处都是，且溶洞内深处暗河涌动。

2. 四川兴文天坑群

2009 年 1 月 21 日，四川兴文天坑出现了天坑群，当时直径为 7 米，垂直高度为 14.5 米（现在由于当地政府组织填补，已经只有 6 ~ 7 米深了）。当地曾经有小煤窑在开采，当

时至今已经关闭10年左右了。但是目前当地出现了天坑，估计是小煤窑的开采导致地下水渗漏，天坑的出现估计也同此有一定关系。

3. 四川宜宾天坑群

在宜宾市蜀南竹海江安地段的东景区一带，2004年发现了壮观的"天坑"群。"天坑"群位于四川省宜宾市江安县大井镇九龙村一条小溪的河床上，当地群众称之为"天井窝"，意思为天然形成的坑窝。这些"天坑"分布在长500余米、宽30余米的小溪河床岩石上，数量有上百个。"天坑"口径大的有4米左右，小的如碗口粗细；"天坑"

深度有的多达2米，有的仅10多厘米；其形或圆、或扁，其状似水缸、似浴缸、似饭碗，不一而足。更令人称奇的是，各个看似独立的石坑，底部却是相通的，构成大坑套小坑，坑坑相连的奇观。

◆贵州天坑群

1. 贵州织金义界河天坑群

距织金县城20千米，在官寨苗族乡中心区有"天下第一洞"之誉的织金洞西面一千米处，有一个由7个天坑组成的天坑群。其中最著名的是那威天坑。

那威天坑是在世界上也极其罕见的特大型天坑。其规模宏大，气势雄伟，风光秀丽，是贵州省喀斯特风光中一个可与织金洞媲美的惊世奇观，是一块亟待开发的旅游资源宝地。当地原有古名为"那威天坑"。现在，也被通常地称为"恐龙谷"。

那威天坑具有十分理想的喀斯特风光结构。从织金古城流下来的以洁河在一个叫"洗马塘"的地方，进入了宽阔高旷的巨洞，河水在洞中流淌约 800 多米后，进入一个当地人称为"小槽口"的天坑长径 240 米，短径 150 米，深 280 米，总容积 1062 万立方米，之后又经过一座巨大的天生桥（高 230 米，长 150 米），再进入一个当地人称为"大槽口"的天坑（长径 870 米，短径 280 米，深 300 米，总容积 7182 万立方米），最后流入另一个地下溶洞。那威天坑范围内有两个天坑、一个洞道和一座天生桥，总容积多达 9795 万立方米，比广西乐业天坑 6710 万立方米还大得多，在全

世界特大型天坑中也名列前茅。

之前，由于缺乏对天坑特征的认识，人们误把它当作峡谷的奇特风光来欣赏。即便是这样，它也受到了进入其中的所有游客的高度赞赏，一直被当作织金洞风景名胜区进一步开发的最重要的后备景区。

根据近年来对喀斯特天坑形态研究的理论，可以发现"天坑"是喀斯特地区一种特殊的负地形形态。它的成因是地下河流经过数十万年以至更

走进奇妙的天坑群 ...

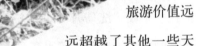

长时间对石灰岩岩层的溶蚀，将坚固的岩石溶化带走，日积月累，将一定范围的地下岩层溶蚀为巨大的空洞；到空洞周边的地质应力再也承受不了的时候，空洞上方的整个岩层终于轰然坍塌，便形成了周边垂直的天坑。这个成因本身就奇特得令人难以置信，例如那威天坑中接近1亿立方米容积的岩层就是被流水溶化带走的。而天坑形态惊世骇俗的雄奇景观，又具有有别于其他喀斯特形态景观的特点。中国西南地区是全世界喀斯特地形面积最大、天坑分布数量最多、单体天坑容积最大的地区。因此，世界性的"天坑旅游热"正在这一地区悄然兴起。

据织金县旅游局有关负责人介绍，将那威天坑与国内外的天坑相比，旅游价值远远超越了其他一些天坑。那威天坑规模巨大，总容积在贵州省排名第一，居世界第三。更主要的是它气势雄伟，形态齐全，结构理想，是一个由河流、溶洞、天生桥和天坑以及丰富的动、植物资源有机结合的喀斯特负地形风光系统。而且，现在的那威天坑具有很便利的观赏条件，水利部门因势利导在长达800米的燕子洞里修建有平坦的便道，已经基本可以用于对该天坑的旅游。这在目前发现和开发的天坑中也是绝无仅有的。还有，天坑中的特殊负地形和川流不息的河水雾气，形成了十分有利于多种生物生长的小气候条件，使得在该天坑内形成了拥有数百种植物构成的原始森林群落，其中甚至包括了国家一级保护植物珙桐。以洁河流淌而过的洞道中还栖息着数十万只岩燕，晨出晚归，其时的景象真有遮天蔽日之感，蔚为壮观。还有，大规模负地形天坑、流水、洞道的理想结合，使天坑内总是保留着空气清新，凉爽宜人的环境，最利于人们观光游览、休闲度假和进行科考旅游。

可以预见，随着人们对天坑奥妙认识的逐渐深入，那威天坑一定会成为举世闻名的一大旅游品牌，一定能够与织金洞媲美并相得益彰，在当地旅游经济的发展中发挥显著的作用。

2. 贵州罗甸董当天坑群

贵州南部的红水河左岸支流、蒙江水系的伏流段，及乌江上游等地发现有罗甸县董当天坑群、紫云县水塘天坑群、响水洞天坑、摆通洞天坑、安龙板洞天坑等。其中位于罗甸城东北沫阳镇董当乡的大小井风景区不仅

有秀丽的河湾，翠绿的竹林，还是一个洞穴的王国，堪称"山乡洞国""山洞画廊"，这里半洲古屯，一坝良田，两村翠竹，三条绿水，孤峰耸立，一座天桥，十余山洞勾勒出一个多姿多彩绚丽的大井风光。三条地下河流，一条小河来自罗甸县边阳地区的下坝，两条大河来自上游惠水县的摆金，发源于贵阳花溪区的高坡。三条河流在坝子中间汇合形成榕竹并茂，燕舞鱼游的大井渡口风光。乘竹排慢慢划着到对面的山下，就能看到远处的山腰上有很大的洞口，其中天德洞、响水洞最近。

3. 贵州务川石朝天坑

石朝风景秀丽，海拔较高，气候寒冷，人们习惯称为务川"小西藏"。因为天坑群天门现世，形状独特，人们又称石朝为"天门之乡"。石朝天坑位于务川东南部，与县内都濡、丰乐、大坪镇相邻，和德江县沙溪、长丰、泉口接壤，辖5个行政村，地域面积132.7平方千米，14000人。政府所在地距务川县城43千米，离德江县城38千米，交通较为便利，出境畅通。

大自然对石朝情有独钟，赐予了多彩多姿的奇观美景。蓝天、白云，宽阔的草原、广袤的土地、富饶的矿藏、秀丽的景色，汇集成石朝迷人的画卷。有山之雄伟，峰之险峻，谷之深幽，石之奇异，木之清华。尤其是天坑群又名穿洞梁，彰显出独特的魅力，观之令人赏心悦目。它是一个神奇的景点，距石朝集镇700米，距石朝主干公路100米。景区有三个相邻

且深达 100 余米的天坑，形成规模壮观的天坑群。

从山顶向下俯瞰，三个天坑一脉相连，紧密相依，浑然一体，显得不可分割。但三个天坑又各具形态，显露出独特的个性。

一号天坑呈动态状，恰似一张正在呼叫的嘴，像是在对人们诉说：这个天坑群沉寂千万年了，要何日才被世间所熟知呀？

二号天坑半是张扬半是恬静，敞开着宏伟的天门洞，以十分大度的姿态召示：进来吧，走过这道门，后面的风光好着呢！

三号天坑正对蓝天，四壁悬崖洞壑，望之森然；坑底露出两个巨大的洞坑，似一双深邃的眼睛凝视长空，千万年过去了，也不知它看出了什么？

天门洞贯穿了二号、三号天坑，左壁上有一块凸出的薄壁，恰似一块浮雕，像一幅战争的画卷，正指引战士向前冲锋，充满了力量，上端是一道薄薄的天然石桥，下端是两个巨大的洞坑，两个洞坑贯穿后使天门洞的下部又形成一道石桥。天门洞上下都是天然石桥，呈现出桥下有桥，洞下

有洞的奇观美景。

一号天坑的底部有一个十分阔大的洞口，洞深2000余米，洞内十分宽阔，天坪高悬，奇石遍布，流水清澈，钟乳满目。进洞后有一片阔朗的地方，称为一号大厅，南边有一座巨大的石佛，因此大厅又名大雄宝殿。大佛乃释迦牟尼的半身像，高达20余米，苍桑古态，宝像端严，栩栩如生，浑然天成。从一号大厅翻过一小丘，进入一片更开阔的地方，名为二号大厅。厅内顶部为穹窿形，四壁为规则的方形，显现出天圆地方状。洞厅高阔上百米，石壁光洁，气势恢宏，蔚为壮观。天坪上有高悬五个大型天窗，在地上看，则为二号、三号天坑的地窗。晴天的时候，阳光透窗朗照，光线迷离，使人如临仙境；阴雨天的时候，则雾气迷漫，或聚成团块，或形成带状，在洞厅上空游动，缈缈绰绰，另有一番风韵。有时阳光和水雾交相映叠的时候，则表现出错落有致、变化莫测的景象，可谓叹为观止。

二号大厅的左前方，有一个门洞，往里走进去，再也没有天窗和阳光，必须借助电筒、火把等光照通行。洞内遍地的石花和钟乳，拟人状物，如花似草，各显姿态。由于洞上方的山上蕴藏着丰富的硫铁矿，洞内的钟乳受矿物质的浸润，呈现出不同的颜色，所以令人目不暇接。天坑群奇观，乃

大自然鬼斧神工之杰作。

4. 贵州平塘漏斗天坑群

(1) 大窝凼峰丛漏斗密集带

在贵州平塘县，峰丛漏斗广泛发育，其中最密集是在平塘县的西部，在约 200 平方千米范围内，巨型的锅状漏斗密密麻麻分布，平均每平方千米有 3 ~ 4 个锅状漏斗，锅状漏斗的直径 300 ~ 600 米，个别有大有小。且漏斗之间都是峰丛。

①漏斗形态：从平面看，多为近似圆形，由于有多个组合，因此也有长条形、弧形、三角形、不规则形等。

②漏斗缺口：漏斗多有缺口，一般有二至三个，个别有一个或四个，其高度位置大致在锥峰顶至漏斗底的一半，也就是锥峰的根部连接部位。所以推测锅状漏斗的成因，是在峰丛间的小洼地，由于地下水系进一步溶蚀、塌陷而形成的。

③漏斗组合：有单个，也有两个和多个组合。单个为圆形漏斗状；多个组合者，有重叠、半重叠、一字形、弧形、品字形、阶梯形、高低错落形等。

④漏水位置，有中心型、偏心型、填埋隐蔽型、地下河出露型。

⑤漏斗与天坑的区别：从大小、深度、平面形态、成因变化等都无法区别，所以有些岩溶专家把天坑作为漏斗的一种特殊形态。两者的区分，只能从圆周的坡度来辨别，简单地说，缓者为漏斗，陡者为天坑；形象地说，桶状者为天坑，锅状者为漏斗；从周边角度来区分，70°～90°为天坑，20°～50°为漏斗，60°者为两者之间的过渡形态。

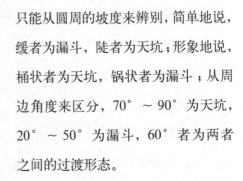

⑥直径测算：一般情况，缺口位于锥峰顶至漏斗底部的中间部位，这个部位也是岩溶洼地进一步发展为漏斗的起点，所以要测量漏斗的直径的话，缺口部位的直径则最有代表性，也比较客观。平塘西部的漏斗，直径一般为300～600米，个别大的可达千米，也有小于百米的。

⑦深度测算：目前人们的测算是从锥峰顶到漏斗底部，若按其发育进程，应该是从两锥峰之间的连接部位，即漏斗缺口到漏斗底部，或者分别计算相加。天坑深度测算，也应该只测算陡坡（陡壁）的深度，而上段的缓坡深度减掉，或者分别计算相加。平塘西部的漏斗，深度一般为100～300米。如果从锥峰顶到漏斗

底部计算，深度则可以达到 600 米。

在平塘西部锅状漏斗密集带中，有许多风景漏斗，其中有一个造型完美的漏斗，名字叫"大窝凼"。直径约 600 米，深度约 300 米，林木葱茏，环境幽雅，底部有 10 多户人家，自称祖辈是从安徽逃荒来到这里的，自耕自足，好像世外桃源。大窝凼由于其造型完美，就好像一口冲天的大锅，而且透水性良好，没有被水淹的历史，已被定为亚洲最大的天文射电望远镜建设的候选基地，听说天文射电望远镜的天线就像一口直径 500 米的冲天大锅。

（2）平塘边峰丛天坑群

霸王河发源于贵阳市花溪区高坡乡批摆寨附近，海拔 1230 米，经由惠水县新安乡抵杠村老林寨流入平塘县境。北自克度乡金山村排竹寨，流经航龙、克度、清水、塘边、塘泥 5 个乡，在塘边乡河边寨的绿荫塘入洞伏流，于罗甸县董当乡大井响水洞出流，在上游乡注入濛江。霸王河支流有巨木河、赖油河、塘泥河 3 条，碗

厂河是巨木河支流，4条河在县境总长 20.1 千米，落差 197 米，流域面积 148 平方千米。

霸王河在塘边乡绿荫塘入洞伏流，于罗甸县董当乡大井响水洞出流，在这约 20 千米的伏流河段，霸王河还有多处出露地表，这些出露地表的河段就是天坑。

但是具体有多少天坑，目前还不清楚，这五大天坑从北往南依次有：阴河、打赖坨、猫的坨、倒坨、打带坨。其中打带坨最大，倒坨最深，猫的坨最美。

①打带坨天坑

打带坨天坑为不规则的圆形，直径约 1500 米，深度约 500 米，四周壁立，共有 3 个垭口。霸王河在坑底出露，有两个进水口，其中一个又分叉为两股，形成 3 条河道流经坑底，在东南角汇合成一股注入洞穴。由于进水洞口多于出水洞口，每当洪汛期，洪水排泄不畅，天坑就变成一个湖泊，大量泥沙淤积在坑底，形成一片开阔的起伏不平的淤积平原。平原上泥沙松软深厚，2 米高的茅草生长茂盛。三股河道切入平原约有 3 ~ 5 米深，河床内是小石砾。天坑四周陡壁下为崩塌堆积，宽约 100 ~ 200 米，洪水

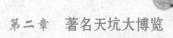

部还见平展的庄稼地。西边的天坑深邃，为一直筒筒的正圆形，岩壁直立。趴在坑缘往下望，顿感头晕目眩心惊胆颤，坑内冷气森森，林木葱葱，听说从没有人下去过，估计深度大于600米。这个天坑叫倒坨很形象又贴切。

③猫的坨天坑

倒天坑再往北数百米就是童话世界般的猫的坨天坑。这个天坑为椭圆形，东西长约800米，南北宽约500米，深约500米。南边岩壁上有一个敞口洞穴，名叫安家洞，洞内原有庙宇神像，文革被毁。洞内有上下两座水池，洞顶不断往下滴水，水质清冽爽口。站在洞缘往天坑下边观察，只见一片原始森林，小鸟飞翔，山谷空鸣。现在，人们都向往自然生态环境，寻找绿色原野，猫的坨就是首选地之一。

◆广西天坑群

1. 广西巴马天坑群

广西巴马瑶族自治县是一处至今仍保持完好原始生态的处女地：千姿

浸漫不到，为森林覆盖带，能偶见珍稀植物，还有一群野生猕猴。

②倒坨天坑

打带坨往北数百米就是深不可测的倒坨天坑。它由上下两个天坑组成，东西摆列，直径东西长约600米，南北宽约300米。东边的天坑不深，底

71

百态如魔法世界的百魔洞、如梦似幻的时空隧道百鸟岩、神秘莫测的世界第三大天坑群、终年郁郁葱葱的原始森林、碧波荡漾的盘阳河，更有举世闻名的长寿之乡……古今胜景多是妙在天成，巴马就是这样一块天堂遗落人间的净土。遗世独立，集大美于一身，不染尘俗，这种美最是令人动容！广西巴马瑶族自治县甲篆乡的峰丛洼地中发现两个特大的岩溶天坑（岩溶天坑也称"喀斯特天坑"）即号龙天坑和交乐天坑。

号龙天坑位于巴马瑶族自治县甲篆乡的一条东西向的干谷上。在号龙天坑只见这个天坑岩壁陡峭，形如刀削，整个天坑就像个大石围。站在天坑的边缘上俯瞰，眼前万丈深谷，不寒而栗。号龙天坑的口径东西长约800米，南北宽约600米，最大深度为509.3米，总容量为1.137亿立方米。号龙天坑是我国以至全球目前已发现的规模较大的岩溶天坑之一。在我国已发现的十大岩溶天坑中，号龙天坑的容积因比重庆市小寨天坑略小而排第二，但比广西乐业县大石围的容积多4000多万立方米。距号龙天坑两千米的巴马甲篆乡交乐村大石山中发现的交乐天坑，几乎四面绝壁，

坑不一样的是，观看乐业天坑是要爬上山顶往下看，而三门海景区天坑是从水路进入坑底往上看。一条河连通 7 个天坑，目前撑竹排可进入 3 个天坑，沿水路可观赏 3 个洞天，故称之为三门海。每门洞中都形状各异的钟乳石，洞门天窗的崖壁上有各种各样的老树、奇花。

垂直合围，雄伟壮观。这个天坑南北翘起，宛如一艘大船。经过勘测得知，交乐天坑口部直径约南北长 750 米，东西宽 400 米，最大深度为 283.2 米，总容积约 6700 万立方米。在我国已发现的十大岩溶天坑中，交乐天坑容积居第四。

2. 广西凤山三门海天坑

三门海景区距凤山县城 20 多千米，从田阳到巴马县 76 千米，再从巴马往凤山路上约 40 千米处。三门海景区是属天坑群为主要景观，与乐业天

3. 广西乐业天坑群

1973 年，广西地质专家傅中平到乐业进行地质情况调查，曾对乐业大石围天坑进行初步调查。1995 年 11 月，《广西林业》杂志组织有关专

家对乐业大石围天坑进行了考察，并把一些图片和数据资料刊登在杂志上。直到 1998 年 3 月 4 日广西电视台和乐业县政府等单位组织的探险摄制组及科考专家才第一次进入大石围天坑及地下河内部，用时三天，获得了许多珍贵的资料。1999 年 11 月 9 日，第二次进入大石围。2001 年 2 月至 4

月，由中国科学院、中国地质学会洞穴研究会、美国洞穴基金会和英国牛津大学洞穴联合会组成的科考队对乐业天坑群进行了全方位的考察。中央电视台一套、二套、三套、四套及广西电视台，此外还有《人民日报》《中

国青年报》《中国旅游报》等二十多家媒体跟踪报道科考成果，"大石围"，一个响亮而陌生的名字也随着众多媒体的连续报道而名扬海内外，成为世界瞩目的焦点。

乐业天坑，地理地貌上命名为"喀斯特漏斗"，当地人称为"石围群"。关于乐业天坑的形成，众说纷纭，最多的说法是天上陨石砸下而成。随着对大石围天坑科考活动的进一步深入考查，这一层神秘的面纱终于被揭开了，科学地讲，天坑的形成有以下四个方面原因：

（1）乐业地区是大面积的碳酸盐岩，符合"岩体必须是可溶的"这一天坑形成的基本条件。

（2）乐业附近的地质构造是很少见的"S"形旋扭构造，而乐业天坑群正处在"S"形旋扭构造的中部，这种特殊的构造，使岩层产生了深度很大的张性裂隙。

（3）乐业充沛的降雨，是形成天坑的最活跃因素，雨水沿裂隙溶蚀岩

开发的有大石围天坑、白洞天坑、穿洞天坑等，其中大石围天坑为乐业天坑群中的代表，也是乐业人民的骄傲。

大石围天坑群位于乐业县同乐镇刷把村百岩脚屯，形成于大约6500万年以前，是一块鲜为人知的秘境，集险、奇、峻、雄、秀、美于一体，是世界上罕见的旅游奇观。中国地质学会洞穴研究会会长朱学稳教经过全方位考察论证后称乐业县大石围天坑为"天坑博物馆""世界岩溶胜地"。

大石围天坑东西走向长600多米，南北走向宽420米，垂直深度613米，像个巨大的火山口，四周似刀削的悬崖峭壁，异常险峻。大石围底部有人类从未涉足过的地下原始森林，面积约9.6万平方米，是世界上最大的地下原始森林。地下原始森林树木粗壮、高耸，有好多酸枣树要三人合抱才行。天坑底部青苔遍布，灌木丛生，发现有比世界上与恐龙时代同期生长的国家一级保护植物桫椤还古老的短肠蕨类植物，稀有绿色兰花，

体，形成地下水系统，也就是我们常说的地下河，由于地下水长时间对岩层的不断侵蚀、搬运，逐渐形成巨大的地下空洞，地壳运动时，整个岩层垂直塌陷。

（4）乐业地处云贵高原东南麓，受印度洋板块和欧亚板块互相挤压抬升的造山运动的影响，地表不断往上升，而地下河系统不断向下侵蚀，才会使天坑越来越深。

乐业天坑群在方圆不到20平方千米的崇山峻岭里，分布着24个天坑，是世界上最大的天坑群，目前已

走进奇妙的天坑群

还有我国首次发现的面积500多平方米的带刺方竹等。在科考中还发现许多稀有动物，像盲鱼、白色毛头鹰、透明虾、中华溪蟹、幽灵蜘蛛等，其中中华溪蟹、幽灵蜘蛛被确认为新物种。最神秘的是在大石围天坑底部发现有两条巨蟒爬行过的痕迹，宽约40厘米，由此可见，这两条蟒蛇的体形之大。

大石围地下洞口宽约20米，高约40米，地下溶洞中，巨大的石笋、石柱、石瀑、石帘等千姿百态，晶莹剔透，犹如一片巨大的宝藏，铺满晶莹闪烁的宝石，令人惊叹。洞内有两条地下河，水流湍急，最神奇的是河水一热一冷。在乐业县"飞猫"探险队的协助下，国家及广西区科考组几次进入大石围天坑底部考察，目前考察了约6千米长度，至于地下河还有多长？地下河的源头、出口在哪里？为什么河水一热一冷？都还是个谜，尚待后人去探明。

站在大石围天坑的观景台，俯瞰天坑底部，阴天的时候雾气缭绕、时浓时淡、似梦如幻、恍如仙境，晴天的时候，地下原始森林郁郁葱葱、神秘莫测。远眺前方峭壁，不知是自然的巧合，还是天意的显灵，上面清晰地赫然显现着一幅倒着的"中国地图"，非常的逼真，令人不敢想象，就连海南岛、台湾岛都非常清晰，整个"中国地图"的总面积约9600平方米，堪称"中国地图"之最。

自从乐业大石围天坑显现在世人面前时，大石围天坑的神奇就像一个蒙着黑纱的美丽少女，令世人为之倾倒。大石围天坑的神奇，一方面是它的形成、地下河的探秘、地下溶洞的发现，另一方面就是好多无法解释的事情：

①数字吻合

大石围天坑底部的地下原始森林面积是 9.6 万平方米，峭壁上的中国地图面积为 9600 平方米，和中国总面积 960 万平方千米都形成了一种科学上无法解释的关系。这也许是数字的一种巧合，但从迷信的角度，好像是冥冥之中上天给予的暗示，让人费思不得其解。

②神秘失踪

在 1999 年 11 月 9 日广西电视台及科考队第二次进入大石围天坑底部考察。1999 年 11 月 10 日在过天坑底部一条水不足没膝、宽不过 5 米的地下河时，随同武警少尉覃礼广同志搀扶着电视台摄制组成员及专家一个过河，就在人们都过了河时，就那么一片地方，就那么一片空间，不幸的事情发生了，19 时 42 分，年仅 25 岁的武警少尉覃礼广同志刹那间不见了踪影。地面"飞猫"探险队闻讯后，马上组织人员下到坑底开展搜救工作，经过一个多星期的搜救，还是不见覃礼广同志的踪影，最后不得不宣告搜救工作失败。一年以后，一对美国探险专家夫妇进入大石围天坑考察，意外地发现了一年前失踪的武警少尉覃礼广同志的遗骸，还有散落在旁边的警服、警徽等。

③坑顶迎客松

在大石围天坑顶部观景台上方的山顶上生长着一棵枝繁叶茂、青翠欲滴的迎客松，它在这个山顶上生长了多少年，却没有人知道，更没有可考的历史。在大石围天坑开发初期，施工队明令告知施工人员在施工过程中不得破坏大石围里的树木。一个名叫吴明的工人，可能是抱着为了留名千古的心理，在搭建大石围天坑观景台

④大石围天坑的一草一木、一花一石不得带出

2002 年 5 月 8 日，大石围天坑接待了来自北京的一个科考团，共 9 人，全部是男性。在没进大石围天坑之前，导游人员已经把不可以带走大石围大坑的一草一木、一花一石这一点讲清楚了。可能是大石围满山遍野的美丽樱花和极具观赏价值的奇石的诱惑，使得科考团出来时多数人的口袋里都鼓鼓的，这时导游人员严厉地告诉大家，把东西都放回去。好多人虽然极不情愿，但还是听从了导游的劝诫，只有一位姓

时，一个人爬上顶部，用一把小刀在迎客松上刻自己的名字，刚刻了一刀，全身一麻，从顶部滚落到了观景台，幸好没落入天坑。第二天，吴明的右手开始肿胀难忍，第三天，右手开始腐烂。在医院打了近一个月的滴水仍不见好转，后经人提醒，带上供品到迎客松树下祭祀。两天后，吴明的右手痊愈。一时间，吴明的故事传得沸沸扬扬，更增加了大石围天坑的神奇色彩。

梁的同志最后趁导游不注意，最后还是偷偷地把一块好看的石头带在身上。在车快开出大石围的时候，不幸发生了车祸，其余8人都安然无恙，唯有这位姓梁的先生不幸身亡。

⑤大石围的天气

据当地人说，只要有人下坑或大的石头滚入坑底，哪怕是晴朗的天气，也会突然间乌云密布、狂风大作、电闪雷鸣、大雨倾盆，好像一下子整座大山都摇晃起来。好多人都吓得两腿发颤、面色苍白，一些女游客吓得蹲在观景台上，两手死死抓住栏杆，一动也不敢动了。但是一旦骚动和响声停止了，马上就会云消雾散、雨住风停、艳阳高照。对于这神秘的天气速变现象，至今没有定论，只是猜测可能是因为这里特有的地理环境、气压、气流等缘故造成的。

目前，乐业大石围天坑群已经开发的有大石围天坑、穿洞天坑、白洞天坑等，这些天坑的开发，难度之大、工程量之大令人难以想象。

大石围天坑以奇、美、险、神令世人折服，坑内植物是"生物的基因库"，现已申报世界自然遗产。为解决海内外游客到了大石围天坑而不能下去的遗憾，有关政府部门正在极力想办法解决该问题。

①想在大石围天坑安装升降电

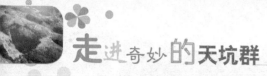

梯，但这种设想很快被否定了，因为：

a 难度大，几乎不可能，613米的高度比美国的世贸大厦还高出许多。

b 这种做法一但实施，会马上破坏天坑内部的环境及生态，造成不可估量的损失。

②在大石围天坑侧面有一洞，名曰"蚂蜂洞"斜插大石围天坑，只须打通40多米，就可通到离天坑底部地下原始森林约80米高度的地方，这样既可向上看到大石围天坑的险峻，又可向下清晰地看到地下原始森林的茂盛与神奇，这种想法目前正在实施。

③采用现代影像技术，在天坑底部、地下原始森林、地下洞、地下河及重要地段多角度、多方位安装摄像设备，将坑内画面同步传输地面，真实展现坑内的奇景、奇物等，因此项工程需要耗费巨资。

④对想下大石围天坑的探险者实行定量接待，在经过探险基地的严格培训后，方可随同探险队进入天坑底部，另须缴纳1000美元／人的费用。

⑤开放穿洞天坑或白洞天坑，满足旅游者的好奇需求。

黄山迎客松

　　被誉为"天下第一奇山"的黄山，以奇松、怪石、云海、温泉"四绝"闻名于世，而人们对黄山奇松，更是情有独钟。山顶上，陡崖边，处处都有它们潇洒、挺秀的身影。黄山最妙的观松处，当然是曾被徐霞客称为"黄山绝胜处"的玉屏楼了。楼前悬崖上有"迎客""陪客""送客"三大名松。迎客松姿态优美，枝干道劲，虽然饱经风霜，却仍然郁郁苍苍，雍容大度，姿态优美。迎客松是黄山的标志性景观。

　　迎客松是黄山松的誉称，系松科松属的常绿乔木。黄山、清凉峰自然保护区、牯牛降自然保护区以及与浙、赣交界山地，海拔 $600 \sim 700$ 米以上地带均有分布。黄山松，其外形与我国华北、西北的油松极为相似，故过去一直被当作油松。1936 年我国植物学家们来这里进行实地考察后，经鉴定认为，

黄山松针叶短、微细，树脂道的数量、位置与油松截然不同，是一新种，定名为黄山松。1961年著名林学家郑万钧等将黄山松与台湾松合并为一种，改其学名为"黄山松"，现在仍保留"黄山松"这一名字。

迎客松有一丛青翠的枝干斜伸出去，如同好客的主人伸出手臂，热情地欢迎宾客的到来。如今，这棵迎客松已经成为黄山奇松的代表，乃至整个黄山的象征了。陪客松正对玉屏楼，如同一个绿色的巨人站在那儿，正陪同游人观赏美丽的黄山风光。送客松姿态独特，枝干蟠曲，游人把它比作"天然盆景"。它向山下伸出长长的"手臂"，好像在跟游客依依不舍地告别。

迎客松屹立在黄山风景区玉屏楼的青狮石旁，海拔1670米处。树高9.91米，直径2.05米，枝下高2.54米。树干中部伸出长达7.6米的两大侧枝展向前方，恰似一位好客的主人，挥展双臂，热情地欢迎五湖四海的宾客来黄山游览。游客到此，顿时游兴倍增，纷纷摄影留念，引以为幸。

黄山迎客松的知名度可谓高矣。上至庄严的人民大会堂，下至车站码头，随处都会发现它的身影，就连宾馆的屏风，庭院的影壁，也有迎客松的姿容。登堂入室的迎客松，已经成为中国与世界人民和平友谊的象征。

迎客松恰似一位好客的主人，挥展双臂，热情欢迎海内外宾客来黄山游览。此松是黄山松的代表，国之瑰宝。北京人民大会堂安徽厅陈列的巨幅铁画《迎客松》就是根据它的形象制作的。

◆广东"通天箩"洞穴

美国的阿里西波大漏斗号称世界第一，它的洞口直径是 322 米，深 70 米。而位于广东韶关的通天箩是一个极为罕见的完全封闭的下降洞穴，深度达 97 米，上小下大，洞口直径 73 米，底部最大直径 140 多米，号称"中华第一洞"。整个洞穴四壁呈倒立梯形，形似一个肚大口小的巨大农家所用谷箩，所以"通天箩"名称由此而来。

1. 千万年前败叶没过膝盖

通天箩岩壁垂直陡峭，外界的人和动物都很少能进入天坑，天坑就形成了一个相对封闭的生态环境。阳光透过坑口"大嘴"可以直射坑底，这为植物的生长提供了必要的光照条件。经过洞口落下的雨水与地下水的存在，又为生物生长提供了水分。而由于坑底海拔高度低于坑外高原，上小下大的巨大"石箩"将寒风拒之门外，所以坑底明显比坑外温暖许多。时逢寒流来袭，站在天坑边缘往下望，

一片郁郁葱葱的地下森林生机盎然、青翠欲滴，与周边山上一片披霜带雪的枯黄林木相比截然不同，别有一番风韵。但站在高于坑底近 100 米的高度往下望，茂盛的林木群又仿佛如茵的小草株一般。

这个高度封闭的"地下森林"在世界上并不多见，成为现代生物学家研究原始生态的宝库，对研究岩洞植被的起源和发展有极大的价值。千百万年来，天坑里的动植物就在这里生老病死，不仅保留着数千万年前的生物化石，还保存着几亿年前的生物物种。

站在极少数人能涉足的天坑底部，数千万年来累积的枯死凋落的残枝败叶最深处竟然没过了探险者的膝盖处。

2. 树木疯长蛇虫绕行

天坑洞底部有约 3500 平方米，生长着一片几乎与外界的生态系统相隔离的原生性的植物群落。在洞底棕黄色的土壤与灰白色石块间上生长着大量参天树木，但与外界树木明显不同的是，为了争夺有限的阳光雨露，大部分的树木只能朝上"疯长"，树型又瘦又高，许多树的直径只有 20 厘米左右，但高度却达到了 30 多米高。

乔木下密布着约 1 米高的灌木丛，地表遍布一层绿油油的矮小植物，地表林间苔藓、真菌及小昆虫随处可见。在这个奇妙的半封闭的地下世界中，林木丛生、藤蔓相缠、花草争妍，不愧为粤北石灰岩地貌的一朵奇葩。

在这个独特的地下植物乐园还有不少的稀有植物，如"广东金腰"等，如逢夏季来临，鸟儿在头顶飞行、蛇儿在林间爬行、虫儿在人身边绕行，一派生机盎然的景色。

2010年新出现的天坑

1.2010年4月8日，在广西贺州市平桂管理区黄田镇长龙村北边山脚下一处干涸的水塘上发现近20个由地陷形成的"天坑"。该水塘三面环山、占地约6亩，由于去冬今春持续干旱目前已干涸。这些大大小小的"天坑"小的不足1米见方，大的直径超过4米。对于"天坑"的形成原因，当地有关部门正在调查中。

2.2010年4月27日，广西六河村村口惊现"天坑"。凌晨开始，宜宾市长宁县硐底镇红旗村和石垭村陆续发生地层塌陷，相继出现了26个"天坑"。

3. 自2010年4月27日起，四川长宁县方圆6千米区域内先后出现了28个神秘天坑（截止2010年6月1日，天坑数量已增至43个），天坑出现原因还未查明。天坑出现之处

属于喀斯特地貌，原本怪山就很多，而近期出现的天坑大小不一，天坑直径从 5 米到 60 米不等。天坑地带夜晚还能听到水声，还出现了塌陷情况。当地有好奇村民曾用 100 米长的绳子捆住石头扔进天坑测深度，往下放了 50 米都没有见底。目前，天坑出现地带已有专人 24 小时不断值班，如果天坑地形发生变化可能需要当地居民转移。有专家称天坑形成可能与地下溶洞塌陷、煤矿透水、地下水过度开采有关。

4.2010 年 5 月 23 日上午，广西六河村村口惊现"天坑"。该村一块农田突然塌陷，形成一个直径 30 多米、深 10 多米的坑。有关部门初步证实，此次塌陷是由于附近一个矿点采矿而引发的塌陷。

5.2010 年 5 月 26 日早晨 6 时许，兰临高速公路临洮至兰州方向车道路面突然塌陷。塌陷发生后，高速公路路面上出现了一个长 25 米、宽 9 米、深 5 米的坑。事发后，兰州公路总段养护中心立即对该路段实行了双向封闭，该事故未造成交通事故及人员伤亡。

6.2010 年 5 月 27 日，成都大邑新场镇出现天坑。早晨，新场镇村民侯先生，给自家稻田灌水时发现"天坑"："天坑"整体呈坛子状，坑口相对较小，直径约1.7米,腔内较大,腔壁间最大直径约2.2米,坑内可见深度约1.5米。第二天,又在水田内发现同样的一个天坑。

7.2010年5月27日下午2时30分左右,湖南沅陵县天降瓢泼大雨,地处沅陵县城的百乐福糕点店门前的人行道突然塌陷,一名营业员和一名70多岁老人与预制板一起掉进10来米深的坑内。出险后,武警消防、公安民警、医疗救护人员及县政府、建设局、商务局等部门人员及时赶赴现场,组织抢救受险人员,维护秩序。3时10分,两名遇险人员救出,营业员受伤,老人不幸身亡。据悉,事故与连日大雨,导致建筑物基础移位有关。

8.2010年5月28日,武汉徐东大街路面塌陷。徐东大街"君临天下"小区门前干道路面突然塌陷,现出9平方米深坑。硕大混凝石块压破地下供水管,致使路边两个小区1200余户家庭从清晨开始断水。

9.2010年5月30日,重庆一农村地陷2米大坑。当地永嘉镇圣水村一条乡村公路于5月30日夜间发生地陷,致公路上出现直径、深度均约2米的大坑,公路旁4户农房出现不同程度的裂缝。当地村民称,事发前,黄牛行至地陷处会莫名绕道走。

10.2010年05月30日,危地马拉首都危地马拉城北部出现了一个深达

60米、直径30米的塌陷洞，当地人称一座3层高的建筑物和一幢民房被地洞吞噬，还造成一名私人保安死亡。

11.2010年6月4日，浙江衢州，高速公路出现大圆巨坑。6月4日0点左右，黄衢南高速往南平方向突然发生路面塌陷事故，路面塌陷形成了一个直径8米、深度10米的大坑，恰好位于高速公路超车道与主车道上。事故造成一辆货车翻车，幸运的是，由于货车司机及时示警，避免了后方一辆大客车被深坑吞噬。

12.2010年6月4日，江西省南昌市。一辆本田轿车在南昌街头卡在塌陷路面上动弹不得。当日，南昌市昌南大道与迎宾北大道交叉口附近路面突然发生塌陷，一辆过路小轿车被卡在洞口处。

13.2010年6月8日，晚上8时左右，湖南宁乡县大成桥镇村民杨大姐家厕所突然沉塌，出现不明"天坑"，直径达五米多，呈坛状，口小里边大，不时传来垮塌声，流水声。

14.2010年6月16日下午6时40分许，位于南京闹市区的夫子庙路口地面突然塌陷，露出长两米、宽两米、深三米的大坑。

15.2010年6月17日，湖北武汉黄陂区盘龙城佳海工业园，突然出现一个直径约4米、深约5米的大坑，险些将一名过路轿车吞噬。"天坑"近期各地频现，专家称是地陷多为人祸。

16.2010年7月2日，马来西亚沙巴省首府哥打基纳巴卢7月1日忽然出现巨大"天坑"。一条交通繁忙的主干道被撕开一条5米宽的大裂口。除一辆大货车躲避不及翻倒路边外，没有造成人员伤亡。目前地质专家和相关调查人员已经赶赴事故现场，但截至目前，专家们也没弄清究竟是什么原因引发了这次的地陷，而好奇的居民纷纷赶到"天坑"边，争拍这一奇见。

第三章　天坑地缝大探险

探险活动被人们看作是一种非常刺激非常有意义的户外活动，通过冒险，可以到从来没有人去过或很少有人去过的艰险地方去考察、寻究自然界情况。不管是出于个人的内在追求，还是出于工作的需要，或者科考的目的，这样一种行为，本身就具有不同寻常的意义。这是对人类探求未知世界的原始冲动的继承与发扬，也是人类文明更加发达的内在动力。

　　在世界上存在这不少天坑，这些天坑总会给人带来神秘的感觉，也正是这个神秘感，使得越来越多的探险家和地质学家们为了一览天坑的神秘之貌而进行大探险活动。在我国，最著名的天坑有乐业天坑、天坑地缝、灵山神秘巨坑等。近几年，许多探险家来此探险，以期待亲身感受大自然的鬼斧神工，并且更深层次的了解天坑的地理构造和形成原因。虽然，探险活动是有一定的危险性的，但是探险家冒险深入内部观察天坑，他们历尽艰险，为我们对天坑做了详尽的记述，为我们带来了很多珍贵的资料，对于研究天坑的成因具有十分重要的意义。

乐业天坑大探险

连绵群山中突然裸露出一个巨大的坑洞，雄伟的峭壁如斧劈刀削般耸然直立，围成坑洞的四壁，远远望去，好像大山对着天空张开了嘴巴。这种奇异的景观叫"天坑"，是大自然展示给人类的神奇造化之谜。

广西西部有个乐业县，这里有着世界上最大的天坑群。

天坑底下隐藏着怎样的谜底？由中外探险家、岩溶地质专家、动物学家、植物学家组成的科学考察组抵达乐业，对乐业天坑群进行大规模的科学考察。随着科考的步步深入，乐业"天坑群"逐渐向世界揭开了她神秘的面纱。

◆ 扑朔迷离"大石围"

探秘走访乐业"天坑群"，最引人入胜的是被当地村民称为"大石围"的世界级特大天坑。大量有关"大石围"的扑朔迷离的猜测和传说，给它增添了许多神秘的色彩：大石围究竟有多大？它底部那些茂密的原始森林蕴藏有多少奇珍异品？大石围里是否有怪物？大石围底下的暗河通向哪里？被暗河吞噬的探险勇士下落何方？……种种谜团，等待着专家们逐一解开。

大石围距乐业县城 28 千米，科考队员乘坐北吉普在新修建的简易山路上曲折颠簸了近一个小时才到达。在进入大石围的路边，新竖立的关于保护大石围风景区的通告牌在怪石林立的大山边显得十分醒目，为科考队员指路的乡亲是被县政府临时雇来管理风景区治安和卫生的，与此同时，更多的乡亲正在大石围周边 20 平方千米范围内植树造林，保护风景区的自然环境。

沿西坡上到山顶，大石围像一个巨兽怒吼着的大嘴一样张开在眼前，在一片葱茏的山间显得十分触目。从西面的坑顶往对面看去，对面坑壁呈三角形，灰黄色的峭壁直竖而下，中间有一个山洞，峭壁底部便是茂密的原始森林，然而这并不是大石围的坑底。

小心翼翼地扶着坑边的一棵树干探头往下看，原来大石围的下部是一个斜坡，沿东向西延伸到考察队员的脚底大约 500 多米深的峭壁下，在那儿又有一个洞口，那便是地下暗河的入口处。

后来，专家通过 GPS 地球卫星测量仪测出了大石围的准确数据：大石围的深度为 613 米，坑口长为东西走向 600 米，宽为南北走向 420 米，容积约为 0.8 亿立方米。其坑底原始森林的面积达十几万平方米，居世界第一位；垂直高度和容积仅次于小寨天坑，居世界第二位。

GPS简介

GPS 是英文 Global Positioning System（全球定位系统）的简称，而其中文简称为"球位系"。GPS 是 20 世纪 70 年代由美国陆海空三军联合研制的新一代空间卫星导航定位系统。其主要目的是为陆、海、空三大领域提供实时、全天候和全球性的导航服务，并用于情报收集、核爆监测和应急通讯等一些军事目的，是美国独霸全球战略的重要组成。经过 20 余年的研究实验，耗资 300 亿美元，到 1994 年 3 月，全球覆盖率高达 98% 的 24 颗 GPS 卫星星座已布设完成。

全球定位系统的主要用途：

（1）陆地应用，主要包括车辆导航、应急反应、大气物理观测、地球物理资源勘探、工程测量、变形监测、地壳运动监测、市政规划控制等；

（2）海洋应用，包括远洋船最佳航程航线测定、船只实时调度与导航、海洋救援、海洋探宝、水文地质测量以及海洋平台定位、海平面升降监测等；

（3）航空航天应用，包括飞机导航、航空遥感姿态控制、低轨卫星定轨、

导弹制导、航空救援和载人航天器防护探测等。

全球四大 GPS 系统：

(1) 美国 GPS：由美国国防部于 20 世纪 70 年代初开始设计、研制，于 1993 年全部建成。1994 年，美国宣布在 10 年内向全世界免费提供 GPS 使用权，但美国只向外国提供低精度的卫星信号。据信该系统有美国设置的"后门"，一旦发生战争，美国可以关闭对某地区的信息服务。

(2) 欧盟"伽利略"：1999 年，欧洲提出计划，准备发射 30 颗卫星，组成"伽利略"卫星定位系统。2009 年该计划正式启动。

(3) 俄罗斯"格洛纳斯"：尚未部署完毕。始于 20 世纪 70 年代，需要至少 18 颗卫星才能确保覆盖俄罗斯全境；如要提供全球定位服务，则需要 24 颗卫星。

(4) 中国北斗卫星导航系统(BeiDou Navigation Satellite System)：是中国正在实施的自主发展、独立运行的全球卫星导航系统。系统建设目标是：建成独立自主、开放兼容、技术先进、稳定可靠的覆盖全球的北斗卫星导航系统，促进卫星导航产业链形成，形成完善的国家卫星导航应用产业支撑、推广和保障体系，推动卫星导航在国民经济社会各行业的广泛应用。

北斗卫星导航系统由空间段、地面段和用户段三部分组成，空间段包括 5 颗静止轨道卫星和 30 颗非静止轨道卫星，地面段包括主控站、注入站和监测站等若干个地面站，用户段包括北斗用户终端以及与其他卫星导航系统兼容的终端。2003 年我国北斗一号建成并开通运行，不同于 GPS，"北斗"的指挥机和终端之间可以双向交流。2008 年 5 月 12 日四川大地震发生后，北京武警指挥中心和四川武警部队运用"北斗"进行了上百次交流。北斗二号系列卫星今年起将进入组网高峰期，预计在 2015 年形成由三十几颗卫星组成的覆盖全球的系统。目前，北京时间 1 月 17 日零时 12 分，我国在西昌卫星发射中心用"长征三号丙"运载火箭，将第三颗"北斗"导航卫星成功送入预定轨道。2010 年 6 月 2 日晚 23 时 53 分，中国在西昌卫星发射中心用"长征三号丙"运载火箭，将第四颗北斗导航卫星成功送入太空预定轨道。

◆ 奇花异草眩人眼

植物学家在大石围底部发现，原始森林内的植物种类多达上千种，大部分迥异于天坑外的植物，其中已查明的有被称为恐龙时代活化石、国家一级保护植物的桫椤，有冷杉、血泪藤树等珍贵植物，还有美丽的七叶一枝花、小簇的岩黄连、细巧的七姊妹等药材；树木有青冈木、黄心树、棕树等，最大的一棵酸枣树树干需 3 人合抱。此外，植物分类学专家还在坑底发现了一种从未见过的、羽脉排列十分奇异的蕨类，采集其标本进行研究后，推测这可能是一种可以与桫椤媲美的珍贵植物。除此之外，这片原始森林里还蕴藏着多少奇花异草，植物学家也不知道，无法给出准确的答案。

暗河的出口也已找到。从坑底的洞口进去，两条地下暗河在里面交汇，就着灯光可以看见，河岸有金黄的沙滩，还有形态各异、花纹美丽的鹅卵石。河中水清澈透亮，游鱼繁多。因为暗河里无光，鱼的眼睛已逐渐退化成小黑点或一条缝，成为盲鱼，暗河中的这些盲鱼形似鲶鱼。此外，河内还发现了一些虾、蟹等。暗河的水温也十分奇特，将手伸入水中，两条河的河水一冷一热，究竟是什么原因，专家目前还无法确定。

坑内还发现了被当地人称为"飞虎"的动物和一些鸟类。"飞虎"形似蝙蝠，个头与猫差不多，前后肢有薄膜相连，展开后可以滑翔。有关动物所专家认为，"飞虎"即为生活在岩洞里的鼯鼠。

但是，人们还在猜测：除此之外，大石围里还会有其他动物的存在吗？这个问题还有待于进一步考察才能知道答案。

◆ 天坑科考险情多

进入大石围必须借助专业的探险工具，并需经过专门的训练，所以一般人是无法做到的。已经有大约50余人到达过坑底和地下暗洞，他们基本上都是参加科考的探险人员、洞穴研究专家和向导。

此次探险派出的是两位非常经验丰富的岩溶地质研究所的研究员。他们于早上11时左右到达大石围，在南面的牙口处打好桩，挂好SRT吊

绳，然后分别沿着吊绳慢慢下到坑底。坑底的坡度非常陡峭，而且布满了不知名的奇树异草，一看到这种情形，两位研究人员立即打消了拉着皮尺沿坑底丈量一圈的念头。

因为行走困难，也为了尽量避免损伤坑底的草木，他们花了一个半小时才从南部坑底走到西部坑底的地洞口。在坑底的洞内，他们住了3天，基本查清了大石围的各种数据以及地下河的走向等情况。

当两位研究人员正在洞口丈量地下河时，险情发生了：一块头颅大的石头突然从天而降，正好砸在相距两

三米远的两人中间，把地上的花草溅得老高，两人吓得面面相觑，许久都说不出话来。只要算一下加速度就知道，从这么高的坑顶落下来，只要一粒指头大的石子就能致人死命！

由于风化作用，大石围顶部的石头不时松脱下落，遭遇此种险情的不止是这两位研究人员。有一次，另一位洞穴专家在用SRT吊绳往下降时，突然听到头顶轰隆隆有石头滚落的声音，他被吊在半空中，躲也没处躲，藏也没处藏，一心以为必死无疑，只得闭上眼睛听天由命。万幸的是，石头从他身边的一侧滚了过去，他才死

走进奇妙的天坑群 ...

里逃生，躲过一场劫难。

以前曾有许多探险队都试图寻找到暗河的出口。一支由当地旅游局组织的探险队在进入地下河后，大石围周边突降暴雨，探险队未能得知情况，继续向前探索了 5 千米，在返回途中遭遇洪水，当地协助探险的一位武警少尉一脚踩空落入河中失踪，后来下落不明。这次探险中，联合探险队终于走完了暗河的全程，发现暗河一直向东北流到位于乐业境内的百朗大峡谷的洞口成为地面河，然后汇入红水河。

◆ 发现最大的地宫

艾伦·里奇小姐、罗伯特·盖利特先生、詹姆斯·阿克先生，他们3 人都是英国"红玫瑰洞穴探险俱乐部"的成员，他们已经在乐业天坑群考察了 50 多天。这一次，他们将对大曹天坑的地下暗河进行最后一次考察，目的是查明这条地下暗河的走向和出口。因为这条暗河有一段河面离洞壁只有 20 厘米左右，需泅水而过，他们还带上了泅水的泳装。

上午十分，他们背上探险器材、水和干粮，从借住的秧林村希望小学出发，来到村后的天坑。他们预计在地下暗河里要连续工作到次日凌晨天快亮的时候，回到乐业县城休整。

曾在英国、西班牙、墨西哥、法国、奥地利等地的天坑和洞穴进行过10 余次探险的罗伯特惊喜的喊道："乐业天坑群是我见过的最美的天坑！"

的确，乐业天坑群的天坑形态各异，从洞口的形状看，有上下宽窄一致的竖井形，有上大下小的漏斗形，也有上小下大的喇叭形；天坑的坑底还分布着茂密的原始森林、险象环生的地下暗河、奇异迷离的石钟乳以及各种动物等。

大曹天坑是一个中型天坑，深约160米，坑口直径约300米，坑底北面有一个洞口通向地下暗河。

快到中午的时候，一行人来到大曹天坑。一般的天坑底部都有一道斜坡，而大曹天坑的斜坡上部几乎齐到坑顶，所以他们没有借助吊绳，直接从斜坡走下去。微雨迷蒙，下山的路越走越滑，一路扶着石头，揪着树枝，花了一个小时才跌跌撞撞地下到坑底。

一进洞口，景象与露天草木茂盛的坑底大异其趣。洞内十分干爽，里面堆满了大大小小的石块，一个高高的石堆把洞口堵住了一半，这是岩石坍塌的结果。爬上石堆，洞内豁然开朗，只见洞内挂满了大大小小的钟乳石，一些凸起的石笋形如编钟，抚之琤玉争作响，如奏乐音。洞顶有水滴落下，汇成一汪。

到达地下暗河的井口了。借着灯光从井口望下去，约20米深，隐约可以看到暗河。罗伯特利索地把吊绳挂好，3名探险队员系好安全带，慢

走进奇妙的天坑群

慢地沿着吊绳爬下去。

次日，3 位探险队员兴奋地发现了一个巨大的地宫，这是目前乐业天坑群里最大的地下溶洞！詹姆斯还在笔记本上画出了地宫的图形。这是一个近似于长方形的溶洞，长约 300 米，宽约 200 米，高约 200 米，顶壁离地

面约 20 米，上面正好就是他们借住的秧林村希望小学。

◆ 天坑源自造山运动

目前全世界已有中国、巴布亚新几内亚和墨西哥等国家发现了天坑，中国是世界上发现天坑最多的国家。坐落于我国重庆市奉节县的小寨天坑是目前已知的世界上最大的天坑，而广西乐业则是中国天坑分布最多、最集中的地区。

一般的天坑都是单独的一座，而乐业境内却是天坑成群。据目前科考发现，在方圆 5 千米左右的范围内，就已发现大大小小的天坑 17 个。专家称，乐业天坑群几乎囊括了各种类型的天坑，是一座"天坑博物馆"和"世界岩溶圣地"。

关于乐业天坑成群分布的原因，中国地质科学院岩溶地质研学家推断，这与乐业县特殊的地质构造有关。地质资料表明，乐业县的地层呈 S 形旋扭构造，天坑分布的地区正处于这

业县位于云贵高原的第二级，即云贵高原向东部低地过渡的地带。根据我国地形的生成原因，可以断定这次抬升运动便是发生于新生代第四纪的著名的喜马拉雅造山运动，距今约 300 万～400 万年前，就是这次造山运动塑造了我国的地形，也生成了云贵高原。

由于乐业天坑群中最大的天坑——大石围底部的原始森林中发现了与恐龙同时代的植物桫椤，有人据此推测，大石围应形成于恐龙时代，即距今 6500 万年前。但是这个推测有许多可商榷之处，因为桫椤虽然是与恐龙同时代的植物，但其并不一定与恐龙同时毁灭，在广西其他地方也发现了桫椤便是一个明证。另外，乐业天坑群如果形成于恐龙时代，那么在几千万年的地壳变化中，这些天坑又是凭借什么作用保持原貌的呢？这个问题还有待于进一步探索。

个旋扭构造的中部，即两个反向弧形的连接线上，这个地区在地壳震荡时发生的张力最大，形成拉张裂隙。这一推断解释了与乐业邻近的具有同样地质条件的凌云、田阳、西林等县为什么没有出现天坑的原因。

对于乐业天坑群的形成时间，有关专家推测，它们大约形成于 300 万～400 万年前的新生代第四纪。从调查的情况看，乐业天坑群在形成过程中遭遇了剧烈的地壳抬升运动。乐

走进奇妙的天坑群 ...

新生代第四纪简介

新生代第四纪是指新生代最新的一个纪，包括更新世和全新世。其下限年代多采用距今260万年。第四纪期间生物界已进化到现代面貌。灵长目中完成了从猿到人的进化。

6500万年前那次生物大灭绝后，地球进入了新生代。新生代是地球历史的最新阶段，而第四纪是新生代最后一个纪。第四纪还可以分为更新世、全新世等。这一时期形成的地层称第四系。第四纪是一名是法国学者J.德努瓦耶于1829年提出的。

从第四纪开始，全球气候出现了明显的冰期和间冰期交替的模式。第四纪生物界的面貌已很接近于现代。哺乳动物的进化在此阶段最为明显，而人类的出现与进化则更是第四纪最重要的事件之一。

哺乳动物在第四纪期间的进化主要表现在属种而不是大的类别更新上。第四纪前一阶段——更新世早期哺乳类仍以偶蹄类、长鼻类与新食肉类等的繁盛、发展为特征，与第三纪的区别在于出现了真象、真马、真牛。更新世晚期哺乳动物的一些类别和不少属种相继衰亡或灭绝。到了第四纪的后一阶段——全新世，哺乳动物的面貌已和现代基本一致。

　　大量的化石资料证明人类是由古猿进化而来的。古猿与最早的人之间的根本区别在于人能制造工具，特别是制造石器。从制造工具开始的劳动使人类根本区别于其他一切动物，劳动创造了人类。另一个主要特点是人能直立行走。从古猿开始向人的方向发展的时间，一般认为至少在 1000 万年以前。

　　第四纪的海生无脊椎动物仍以双壳类、腹足类、小型有孔虫、六射珊瑚等占主要地位。陆生无脊椎动物仍以双壳类、腹足类、介形类为主。其他脊椎动物中真骨鱼类和鸟类继续繁盛，两栖类和爬行类变化不大。

　　高等陆生植物的面貌在第四纪中期以后已与现代基本一致。由于冰期和间冰期的交替变化，逐渐形成今天的寒带、温带、亚热带和热带植物群。微体和超微的浮游钙藻对海相地层的划分与对比仍十分重要。第四纪包括更新世和全新世，相应地层称更新统和全新统。第四纪下限的确定，意见分歧较大。1948 年第十八届国际地质大会确定，以真马、真牛、真象的出现作为划分更新世的标志。陆相地层以意大利北部维拉弗朗层、海相地层以意大利南部的卡拉布里层的底界作为更新世的开始。中国以相当于维拉弗朗层的泥河湾层作为早更新世的标准地层。其后，应用钾氢法测定了法国和非洲相当于维拉弗朗层的地层底界年龄约为 180 万年。因此，许多学者认为第四纪下限应为距今 180 万年。1977 年国际第四纪会议建议，以意大利的弗利卡剖面作为上新世与更新世的分界，其地质年龄约为 170 万年。对中国黄土的研究表明，约 248 万年前黄土开始沉积，反映了气候和地质环境的明显变化，认为第四纪约开始于 248 万年前。还有学者认为，第四纪下限应定为 330～350 万年前。

◆仍有诸多谜团待解

天坑群景观中最奇绝的要数白洞天坑，它除与其他天坑一样具有地下原始森林与地下暗河外，还与相隔1.1千米外的天星冒气洞相通，形成了一种自然界最奇特的呼吸奇观，即一边洞口出气，另一边洞口吸气。从洞口冒出的白烟，在方圆几百米外都能看得清。冒气洞为什么会冒气而其他的天坑洞穴没有这种景象呢？专家仍无法解释这个问题。

天坑群的另一独特地貌是百朗大峡谷。现在已知百朗大峡谷与大石围底部的地下暗河相通，峡谷长4千米，谷两边为1000多米高的山峰石壁，紧夹一线蓝天，谷中分布着数十个形态不同的大洞穴，洞穴里有千奇百怪的钟乳石和一些生物化石。相关研究人员认为，洞中那些巨大的钟乳石是几万年乃至十几万年才形成的。不久，国家重点建设工程龙滩水电站水库区将淹至峡谷口处，库区水位是否会将这些宝贵的钟乳石洞淹没？由于百朗大峡谷与大石围相通，抬高的水位会

认为，莲花盆是因岩石被水溶蚀后形成的；而穴珠是碳酸钙在一定的地质条件下附着在某一内核上形成的钟乳石珠，其成因与珍珠相似。莲花洞为什么发育了如此众多的莲花盆和穴珠？其发育的条件是什么？这些问题还有待专家进一步研究。

此外，除了已发现的天坑，乐业县境内是否还存在着不为人知的天坑？在这片神奇的崇山峻岭下面，是否还有正在继续坍塌的溶洞会在某一天突然崩陷，成为新的天坑呢？随着旧谜团的逐渐解开，一些新的谜团又摆在了专家们的面前。

不会倒灌进大石围？有关专家还在进一步研究。

大石围的附近还有一个莲花洞，洞中发现了大大小小的岩溶莲花盆200多个，还有为数众多的"穴珠"。莲花盆是一种石钟乳，因其形状酷似舒展于水面的睡莲而得名，专家考察

天坑地缝之探险

长江三峡瞿塘峡东首，有条声名远播的清澈小溪，名大溪。

大溪上游有条支流叫撒谷溪，传说有神仙在溪畔撒谷种稻。

庙湾乡苍洞，古怪离奇，1972 年人们在洞中发现一面大铜锣，直径超过 1 米，敲起来山鸣谷应，没人敢要。后来几个胆大的农民拿去打了五六面小锣，声音特别清脆宏亮。

但人们谈论最多、感到最为神异和奇特的则是天坑、地缝——小寨天坑和天井峡。

过去，美国的阿里西波大漏斗号称天下第一，它坑口直径是 330 米，深 70 米。后来，宜宾兴文漏斗岩又被称为"天下第一坑"，坑口直径是 650 米，坑底直径为 490 米，深 208 米。1984 年 12 月，万县地区水利电力勘测设计工程大队测得小寨天坑的一组惊人数据：坑口直径 622 米，坑底直径 522 米，深 666.2 米。

小寨天坑，是目前世界上发现最大的漏斗！

天坑中，无数大大小小黑洞洞阴森森的洞穴，似幽灵鬼怪怒目圆睁……

1994 年 8 月 13 日，探险队 16 名队员来到了这片土地，人们欢欣、雀跃，希望用勇敢顽强的意志和科学态度，去揭示那千古之谜。

长江三峡简介

　　三峡是重庆市至湖北省间的瞿塘峡、西陵峡和巫峡的总称，位于湖北宜昌三斗坪镇。

　　长江三峡西起重庆市的奉节县，东至湖北省的宜昌市，全长192千米。自西向东主要有三个大的峡谷地段：瞿塘峡、巫峡和西陵峡，三峡因而得名。三峡两岸高山对峙，崖壁陡峭，山峰一般高出江面1000～1500米。最窄处不足百米。三峡是由于这一地区地壳不断上升，长江水强烈下切而形成的，因此水力资源极为丰富。

　　自白帝城至黛溪称瞿塘峡，巫山至巴东官渡口称巫峡，秭归的香溪至南津关称西陵峡。两岸山峰海拔1000～1500米，峭崖壁立，江面紧束，最窄处是长江三峡的入口夔门只有100米左右。水道曲折多险滩，舟行峡中，有"石出疑无路，云升别有天"的境界。长江三峡为中国10大风景名胜之一、中国40佳旅游景观之首。长江三峡西起重庆奉节的白帝城，东到湖北宜昌的南津关，是瞿塘峡、巫峡和西陵峡三段峡谷的总称。

走进奇妙的天坑群

是长江上最为奇秀壮丽的山水画廊，全长 193 多千米，也就是常说的"大三峡"。除此之外还有大宁河的"小三峡"和马渡河的"小小三峡"。这里两岸高峰夹峙，港面狭窄曲折，港中滩碛棋布，水流汹涌湍急。"万山磅礴水泱漭，山环水抱争萦纡。时则岸山壁立如着斧，相间似欲两相扶。时则危崖屹立水中堵，港流阻塞路疑无。"郭沫若同志在《蜀道奇》一诗中，把峡区风光的雄奇秀逸，描绘得淋漓尽致。我国古代有一部名叫《水经注》的地理名著，是北魏时郦道元写的，书中有一段关于三峡的生动叙述："自三峡七百里中，两岸连山，略无阙处。重岩叠嶂，隐天蔽日，自非亭午夜分，不见曦月，至于夏水襄陵，沿溯阻绝。或王命急宣，有时朝发白帝，暮到江陵，其间千二百里，虽乘奔御风，不以疾也。春冬之时，则素湍绿潭，回清倒影。多生怪柏，悬泉瀑布，飞漱其间。清荣峻茂，良多趣味。每至晴初霜旦，林寒涧肃，常有高猿长啸，属引凄异，空谷传响，哀转久绝。故渔者歌曰："巴东三峡巫峡长，猿鸣三声泪沾裳（cháng）！"。三峡地跨两省。两岸崇山峻岭，悬崖绝壁，风光奇绝，两岸陡峭连绵的山峰，一般高出江面 700 ~ 800 米左右。江面最狭处有 100 米左右；随着规模巨大的三峡工程的兴建，这里更成了世界知名的旅游热点。

长江三峡，无限风光。瞿塘峡的雄伟，巫峡的秀丽，西陵峡的险峻，还有三段峡谷中的大宁河、香溪、神农溪的神奇与古朴，使这驰名世界的山水画廊气象万千——这里的群峰，重岩叠嶂，峭壁对峙，烟笼雾锁；这里的江水，汹涌奔腾，惊涛拍岸，百折不回；这里的奇石，嶙峋峥嵘，千姿百态，似人若物；这里的溶洞，奇形怪状，空旷深邃，神秘莫测……三峡的一山一水，一景一物，无不如诗如画，并伴随着许多美丽的神话和动人的传说，令人心驰神往。

长江三峡，人杰地灵。这里是中国古文化的发源地之一，著名的大溪文化，在历史的长河中闪耀着奇光异彩；这里，孕育了中国伟大的爱国诗人屈原和

千古名女王昭君；青山碧水，曾留下李白、白居易、刘禹锡、范成大、欧阳修、苏轼、陆游等诗圣文豪的足迹，留下了许多千古传颂的诗章；大峡深谷，曾是三国古战场，是无数英雄豪杰驰骋用武之地；这里还有许多著名的名胜古迹，如白帝城、黄陵庙、南津关……它们同这里的山水风光交相辉映，名扬四海。

三峡是渝鄂两省市人民生活的地方，主要居住着汉族和土家族，他们都有许多独特的风俗和习惯。每年农历五月初五的龙舟赛，是楚乡人民为表达对屈原的崇敬而举行的一种祭祀活动。巴东的背篓世界、土家人的独特婚俗、还有那被称为鱼类之冠神态威武的国宝——中华鲟。1982年，三峡以其举世闻名的秀丽风光和丰富多彩的人文景观，被国务院批准列入第一批国家级风景名胜区名单。

2005年10月23日，中国最美的地方排行榜在京发布。评选出的中国最美的十大峡谷分别是：雅鲁藏布大峡谷、金沙江虎跳峡、长江三峡、怒江大峡谷、澜沧江梅里大峡谷、太鲁阁大峡谷、黄河晋陕大峡谷、大渡河金口大峡谷、太行山大峡谷、天山库车大峡谷。

◆ 初探"黑眼"和"地缝"尽头

探险队一到兴隆，第二天两组探险队员分别下黑眼和地缝尽头，立即在人群中引起了轰动！

这是两个令人不寒而栗的地方。黑眼在地缝上段，峥嵘的两座山崖间，峡谷底崖根处，三四平方米的一个黑咕隆咚的洞口。黝黑的洞壁犹如生铁铸成，丢个石头下去，丁零当啷响个不停。除特大山洪外，上游的水一般都直直地流进里面。过去，这一带土匪杀人后，都丢进黑眼，也有生死仇家，把活人丢下去的。当地老百姓骂

人时，也诅咒人是"塞黑眼"的。走到洞口，里面冒出的冷气直透人脊梁，让人打个寒战！

4个探险队员在洞边停下来，穿戴好探险服，锚上绳索，首先下去一个。不一会儿，洞中传来喊声，第二个人带着防寒服和工具又下去了，两个小时后，另外两个人也跟着下去了。

黑沉沉的洞口再也没有一点声响，洞外三四百观看的群众几乎都屏住呼吸，瞪大眼睛望着那过去被视为地狱的洞口。一小时，两小时，人们都不愿离去，直到七八个小时后，日落西山，4个探险队员才精疲力竭地爬出洞来。看见他们一个个冻得嘴唇乌黑，大伙儿立即找来干柴烧火让他们烤火。

在地缝尽头迟谷槽，群众对探险队员也十分热情，那里距公路四五里远，有的帮助维持秩序，有的帮助背背包，有的甚至还备了饭菜想请客。

蜿蜒而来的地缝到这里完全消失。尽头处，只见两边峭壁如斧劈刀

剁。顺着一道裂隙，可以往下爬50余米，再下就是笔直的悬崖了。在崖边，隐隐约约可见底下深谷中的石堆和绿茵茵的水塘。

两个探险队员下到谷底花了一天时间，使用的是目前风靡全球的单绳技术（即 SRT 技术）。这种技术是探险队员系上胸带、臀带、安全绳、下降器和上升器、工具带等，然后凭一根10毫米的延展性的尼龙绳上下。由于悬崖太高，下一段打个锚钉，打了四个锚钉才下到缝底。地缝尽头的垂直高度终于测出来了：从两山间的谷地算起，垂直距离250米。

沿着洞往前走，满地尽是砾石。一大堆木头拥在一起，像是有人堆码起来的似的。走了50米，听到哗哗水声，一条地下河流流入洞内。由于没带浮游工具，只得到此为止了。两个探险队员凭着一个轮胎，继续向前游去。

洞口一个大绿茵涵中，发现一尺来长的游鱼。丢下些饼干末，一会儿，竟有一大群鱼来争食。看情况，水涵和阴河相通。

SRT 技术难的是向上攀登。虽然身上有上升器，但只起固定作用。顺着这根细绳悬空向上攀登，就像爬树一样全得靠臂力。太阳稍偏西，坑底的光线就暗了下来。一步步向上攀，光线才逐渐亮起来，真像是一步步走出地狱。还未攀一半，身上带的水就喝得干干净净了，每上升一步，都要洒一把汗。

走进奇妙的天坑群

◆ 突破"天坑"迷宫和"地下峡谷"

探险队对小寨天坑有极大的兴趣，第一天，就组织了 6 个人下去。天坑中阴河多年平均流量是每秒 8.77 立方米。1987 年至 1989 年，奉节县从山外打通一条 1800 米的隧道，直通天坑底部，引出阴河建了座装机容量 1.89 万千瓦的水电站。

探险队员到天坑底部一看，兴奋得不得了。这地方简直能让人欣赏到《旧约全书》中描绘的"坠落阴间，到那坑中极深之处"

的景象，体验到"地狱"的感受。中国人"坐井观天"的古话，用在这儿也是再恰当不过了！

天坑底部有两个高达 100 米的赫然大洞。洞顶，泉水飘飘洒洒而落，似仙女散花，又如万缕银丝悬挂洞口。

引水堤坝筑在来水洞口，3 个探险队员凭着两个轮胎，顺利地游过平静的水面。往里走，是逆水而行，湍急的流水使人无法游上去，他们就在岩壁上锚钉系绳，从绳子上滑进去……

消水洞里没水，3 个探险队员走进去不远，前面是 10 多米深的竖井。探险队员用 SRT 技术滑了下去。

下午 6 点多钟，6 个探险队员才出洞，一个个浑身泡得发白，冻得直打颤，出洞就忙着找火烤。换了衣服，从坑底爬到天坑口，花了 90 分钟，都累得疲惫不堪。为了减少往返时间，从第二天起，探险队员就住在天坑里，早晨进洞，晚上

112

出来，每天工作 10 多个小时。

探来水洞的队员，由于是逆阴河而上，洞中一处跌水接一处跌水，一连干了五六天，好不容易才前进了 1200 米。

消水洞中无大股流水，进展较快。根据当地水文资料显示，消水洞连着几千米外迷宫河的一个洞口，探险队下决心要钻穿它。

迷宫洞里道路崎岖，林木森森，恍若迷宫，河谷里又无人，于是，探险队派出两名队员去洞口接应。8 月 19 日，两名探险队员在向导的带领下继续前行。洞口在一堵绝壁上。向导在这一带打猎，他揪着岩藤，扣着石缝向上攀登。没带工具的两名探险队员望着那陡峭的石壁，摇头退却了。于是上不了洞口，他们就在河谷显眼处做了路标，指出迷宫河的路径。

探险队员科尔和布朗，一连在天坑消水洞中钻了 5 天，下决心第 6 天

一定要钻到迷宫河。直到这天中午，他们面对的仍是黑黢黢的世界。正当他俩有些灰心丧气时，突然前面露出了亮光。二人欣喜若狂，又在崎岖的洞穴中走了 90 分钟，到洞口一看，二人惊奇得瞪大了眼睛：只见左右两面都是矗天赤壁，右方峭壁上方一个洞中，一股瀑布从 100 多米高空飞泻而下，落入崖下一个绿茵茵的深潭中。

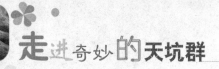
他们自己的洞口，也在一堵赤壁下端，距地面 40 多米。

两人把身上剩下的仅有一根绳子锚在洞口，采用 SRT 技术滑到崖下。发现了队友做的路标，二人才轻松地吐了口气：相信自己真正走出天坑了！

通过测量，这峡谷共长 4326 米，进洞口和出洞口高差 261.4 米。

尽管大探险结束了，但是"天坑""地缝"的谜仍无穷无尽。

在黑眼里，探险队员斯蒂芬等几个人费了九牛二虎之力，一墩一墩地下降了 200 多米。往前走不远，前面出现一条阴河。就在他们沿着阴河探测了几百米后，8 月 20 日这天突然发现地下河水落下去四五米。经验丰富的斯蒂芬明白，这种水位的突然变化，可能是前方存在倒虹吸管道，这是十分复杂而又危机四伏的地形，只凭现有的设备，是绝对危险的，只好遗憾地撤回。

探险队员说，洞穴浅处，有小蛇、小鸟；洞穴深处，他们发现有鱼群、蝴蝶、娃娃鱼，比较珍奇的是一种五六厘米长的白色蝌蚪和白色的斑灶马，这两种白色的小生物是他们从未见过的。至于大蛇巨蟒和鬼怪，运气好，没碰上。

这次由于没有潜水设备，探的洞穴中又大都有阴河，所以只钻了 10来个洞穴，地下通道共长 10 余千米。然而这仅仅是天坑、地缝地区洞穴的几十分之一。

神秘"天坑"塌陷而成洞中洞

◆ 旅游考察发现奇特天坑

宜宾市高县文江镇境内一人烟稀少的树林中发现一个巨大的"天坑"。由于该"天坑"下面洞中还有洞，令人非常惊奇：因为在该县境内，还是首次发现这样的"天坑"。

考察人员一行数人从县城出发，沿着该县通往珙县方向的山区林荫小道，沿路进行考查。中午左右，考察人员在到达高县文江镇凉村境内一人烟稀少的树林中时，突然从茂密的林中大山之间，发现一个宽100多米，长200多米的巨大"天坑"。

在阳光照耀下，考察人员从"天坑"顶部往下面看，"天坑"深约数十米，底部一些地方长满了青草，更令人觉得神秘莫测。尽管该县一些地方属于喀斯特地质地貌，但这么大的"天坑"，在当地还是首次发现。

◆ 顺壁而下坑底洞中有洞

为了安全起见，参加考察的人员决定，由在两位有经验的考查员的带

领下借助绳索沿着绝壁顺壁而下，到"天坑"底部进行考察，而"天坑"上面，则留人掌握绳索，一旦底部泥土松软，下面的人发出信号，上面的人立即将其拉上来。

两位有经验的考察人员借助绳索慢慢顺壁而下到达坑底后，发现坑底是坚实的泥土，加之一些地方长有青草，没有继续下陷的感觉，在同"天坑"上面的人取得联系后，决定这两位考察人员留在坑底考察，上面的人负责保护安全。

从坑底顺着绝壁往上看，估计该"天坑"深约六七十米，不规则的坑底面积有数百米。令人奇怪的是，坑底的西北角竟然连着两个直径约三四十米的洞，形成洞中有洞的景观。用手电筒顺着黑乎乎的洞往里照去，该洞深不见底，但洞中有许多蝙蝠，叽叽喳喳叫个不停，显得有些阴森，考察人员也不敢贸然进去考查。

◆ "天坑"为地质塌陷而成

据当地一位 60 多岁的老人介绍，该"天坑"被当地人称为"仙鹅洞"，听老一辈人讲已有数百年历史。在 20 世纪 70 年代以前，每到夏天涨大水季节，天坑里面还会积半坑水，因此平时很少有人下到"天坑"底部去。对于"天坑"底部洞中还有洞，考察人员称还是首次听说。

据相关人员推断，宜宾兴文、珙县、高县一带多属喀斯特地质地貌，形成"天坑"的原因，应该是该山脉下面原来有溶洞，由于地质塌陷后形成的。宜宾目前最大的"天坑"，当数兴文县石海景区的大漏斗。由于此次发现的"天坑"形成已有数百年历史，和江安红桥一带出现的"天坑"，应该没有多大联系。但此"天坑"宽 100 多米，长 200 多米，从宜宾一些区县已经发现的"天坑"来看，应该是目前宜宾第二大的"天坑"，该坑极具旅游开发价值。

神秘的地下原始森林探险

◆传说应验天降小雨

广西大石围天坑的传说有很多，传说那里是神的禁地，轻易去不得。最容易让人相信的当地曾下过谷中采药的山民的话，在那里他们曾见到很多蛇，包括碗口粗的巨蟒，而这同样又为大石围增添了恐怖色彩。

广西百色地区，关于大石围天坑的传说有很多。

一种说法是，每当有人要下大石围，这里便会天空骤变，浓雾突起，大雨滂沱，因为"天神被触怒了"。

另一种说法是，每逢天旱，天坑附近的山民为了祈雨，每每要向天坑底部投掷巨大的石块。随着在隆隆声中飞向底部，人们祈求的雨

水也随之而来。

还有一种说法，下大石围必须有女人相伴，否则就会有去无回。

每种说法都带有神秘色彩，都似乎在提醒人们，大石围是神的禁地，轻易去不得。

也正因为如此，当最终决定进入大石围天坑时，科考人员的心情是不轻松的，又似乎应验了某种传说，16日下午3时，当考察人员一行数人正准备进入大石围时，天空中的乌云却越聚越浓，最终下起了小雨。

◆择线而下命悬一线

科考人员选择在天坑的南部作为下坑路线。因为事前的多次探察后，科考人员发现，这里崖壁上植被较多，便于攀援，同时有树枝的部分遮挡作用，攀岩时恐怖感也会减少一些。

在当地飞猫探险队员的帮助下，科考人员顺着绳梯和登山专用绳索慢慢向坑底滑下。耳边山风阵阵，怀中的对讲机不时传来崖上后方人员的问话与信息："说说你们现在的高度，离坑底还有多远？能见度是多少？我们这里已下起了小雨。"

下降时的体力消耗并不大，最

大的压力还是来自命悬一线时的不安全感。人由一根小拇指粗细的绳索高高悬挂在岩壁上，脚下是无底的深渊。在担心绳索是否会出现问题的同时，还要时刻留心崖上是否会有石块滚落给自己造成危害，以及自己不慎踏落浮石给下面的队员造成危害。不知不觉中，科考人员汗水就浸湿了内衣，粘在身上。

下降的过程中，科考人员的身体经常被崖壁上的藤蔓缠住，为了摆脱藤蔓的纠缠，只能脚登岩壁，在空中左转右转，腰上、腿上的绳索绷得紧紧的。

◆脚尖着地乐极生惊

两个多小时后，当脚尖终于接触到坑底时，科考人员心中的兴奋之情简直难以言表。但很快，这种激动与兴奋之情便荡然无存。所谓的坑底正如曾到过这里的人所描述的那样，其实是个有着七八十度的

陡坡，上面布满了枯枝、败叶、浮土、滚石，如果不抓住身边原始森林中的植物枝条，就肯定会顺着陡坡滑下去，同样十分危险。科考人员刚走了几步，鞋中就灌满了地上的浮土与碎石子，只能背靠着树，倒掉鞋中的泥土。

等所有人都下到坑底，准备向坑底东部那个地下溶洞口进发时，已近晚6时。天已变得昏暗，只是雨却越下越大。坑底陡坡的浮石上长满了的苔藓，被雨水一打，更觉滑腻无比，每前进一步都十分艰难，科考人员必须借助身边植物的支撑才能往前挪步。黑暗中，不断听到有人滑倒的声音，幸好无人重伤，但小的蹭伤、划伤却人人都有。人人都高度紧张，十分谨慎，在这样的地方，实在也不敢受伤，也伤不起，因为每个人的体力都已发挥到了极限，照顾自己都很难，根本无力顾及他人。

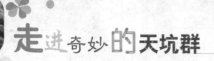
◆枯枝当拐冷汗阵阵

天坑底部的森林植被与其他地方有着明显的差异，枯枝断木遍地，黑暗中，科考人员为了前进和保持身体平衡，随手抓住的枝条中，十有五六是枯枝，结果身上总要冒出一阵阵冷汗。疲惫不堪的队员，不断地询问前面带队的飞猫探险队员："还有多远？快到了吧？"

在当地飞猫队员队长的带领下，科考人员用了整整两个半小时，才由天坑南面底部下到天坑东部下面的地下那个溶洞口。而这里离他们刚才来时的南坡坑底的直线距离绝对超不过一千米。这时每个人的衣服都已里外湿透，浑身泥水，几乎瘫倒。

◆地下暗河浮石滚滚

高度超过 30 ~ 40 米、宽度超过 20 米的地下溶洞口前也堆满了像足球、网球一般大小不等的浮石，专家这种浮石称为浮石堆。它全是从崖壁上滚落下的，总数足足有上百吨，几乎把整个洞口堵住，斜斜地向洞内延伸，它们倾斜的方向正好是地下暗河的方向。队员们只能哈腰贴着洞上壁翻过这堆浮石，才能进入洞中。

走过近百米的浮石区，在头顶灯的照射下，眼前豁然开朗，一个高达几十米的地下溶洞大厅展现在眼前。厅的右边是一条宽度超过十米的地下暗河，虽是枯水季节，但是河水仍然显得比较湍急，水质清澈见底，一直通向溶洞深处。专家说，那些洞上的浮石，最终都要被雨水冲到这里，然后又被河水带走。这股水流是冒气洞

天坑、养鹅场天坑等几个天坑地下暗河的总汇集处，所以水量充沛。厅的左边则是一块由地下暗河冲击形成的

百米左右的三角形平地。已经被绝壁、陡坡折磨得快要休克的队员们，乍看

到这样一块地，也已喜不自胜了，这里也就成了队员们当晚的宿营地。

扎下营寨，稍事休息后，队员们就开始了工作，而这时已是晚上9点多钟。有一位科考人员在不到一个小时通过粘网和钓钩在地下暗河中捕到三条长约三四寸、形似鲇鱼的鱼类和几只螃蟹。这种鱼被称为朦鱼，通体透明，红色的血液、彩色的内脏器官、白色的骨骼均清晰可见，眼睛却很小很小，显然是长期黑暗的环境使它的视觉严重退化。可能是这里食物短缺的缘故，这里的鱼很容易上钩，让人得来全不费功夫。但很快的这位科考人员就快收了手。他认为，这里的鱼都是有数的，决不能过量捕捉，否则就会破坏这里的生态平衡。

◆ 溶洞生风枕水难眠

虽是地下溶洞，这里的风却很大，气温也在 $-15℃$ 以下，即便是队员们把所带的衣服全穿上依然觉得有些冷。

吃过以方便面、八宝粥、压缩饼干等组成的晚餐之后，队员们纷纷在

河滩上为自己清理出一块平地，铺上防潮垫，先后钻进了睡袋。

夜里，哗哗的河水吵得队员们难以安睡，不过最折磨人的还是寒冷，溶洞中的风阴冷潮湿，吹在脸上能让人想起北京的冬天。不时有队员在睡梦中被冻醒，把睡袋裹紧，又沉沉睡去。毕竟下坑时体力消耗太大，疲劳让人很容易忘记寒冷。此外，能在这样的环境中睡上一觉，这也是一种特殊的经历，队员们还是为此感到兴奋。有的队员说，要是有酒就好了。还有的队员说，要是有人送饭，就多住两天。只有给他们带路的当地飞猫探险队的队长一言不发。他是飞猫队中公认的第一高手，徒手攀岩是他的绝活。来时，有几段让人眼晕的绝壁，他拽着崖上的藤条、枯枝就下来了。队员们的一些行李也是他带下来的。夜里他睡得最早，也睡得最沉。早晨醒后，有队员想请他带队趟过地下暗河去溶洞深处，他却拒绝了。他说，还是保持点体力，想想过会儿大家怎么回去。他的冷静和虑事周详，让大家心里很踏实。

◆天亮起床寻找桫椤

第二天，天刚蒙蒙亮，队员们便早早起来，投入工作，大家兵分两路，一路向洞穴深处走去，一路出洞进入坑底的原始森林。在清晨的雾霭中，队员们首次见到真正意义上的原始森林。这个森林中的树木虽然树径都不大，却个个生机盎然，枝叶翠绿欲滴，每棵树上几乎都藤蔓缠绕，地面上则是十分茂盛的蕨类和一些目前教科书上都没有标明的植物。在森林里，队员们首次看到了据说曾是恐龙食物的国家一级保护植物——桫椤。桫椤与蕨类均是年代久远的植物，因此都十分珍贵。

因为刚下过雨的缘故，几乎每种植物的枝叶上都挂着露珠，又都洁净

无瑕，看不到一丝粉尘，就连森林中每块浮石上的青苔地衣也显得新鲜异常，呈半透明状。

这里的原始森林空气湿润清爽，又寂静异常，山崖上几声鸟鸣，让人更觉得山林的幽深。这里的一切给人的印象是洁净、寂静、充满生机又绝对的平静和缓。队员们不仅没有发现毒蛇、猛兽，甚至连蚊子、苍蝇、马蜂之类人们常见的小型昆虫也没发现。大家只是在一些茂盛的枝叶上看到了几只缓缓蠕动的小青虫。这一切又让大家更感到大自然留给我们的这片世外桃源的珍贵。

知识百花园

桫椤简介

桫椤是现存唯一的木本蕨类植物，极其珍贵，堪称国宝，被众多国家列为一级保护的濒危植物。桫椤隶属于较原始的维管束植物——蕨类植物门桫椤科。桫椤是古老蕨类家族的后裔，可制作成工艺品和中药，还是一种很好的庭园观赏树木。

经历过无数沧桑的桫椤，由于人为砍伐或自然枯死，现存世数量已十分稀少，加之大量森林被破坏，致使桫椤赖以生存的自然环境变得越来越恶劣，自然繁殖越来越困难，桫椤的数量更是越来越少，目前已处于濒危状态。由于桫椤随时有灭绝的危险，更由于桫椤对研究蕨类植物进化和地壳演变有着非常重要的科学意义，所以世界自然保护联盟将桫椤科的全部种类，列入国际濒危物种保护名录（红皮书）中，成为受国际保护的珍稀濒危物种，中国早期公布的保护植物名录，也将桫椤与银杉、水杉、秃杉、望天树、珙桐、人参、金花茶等一起被列为受国家一级保护的珍贵植物（现将桫椤科全部种类列为国家二级保护植物），并在贵州赤水和四川自贡建立了桫椤自然保护区，广东也在五华县建立了旨在保护桫椤的七目嶂自然保护区。

桫椤是十分珍贵的原始蕨类，它有很多值得人类利用的价值：

（1）实用价值

桫椤科植物是一个较古老的类群，曾在地球上的中生代时期广泛分布。现存种类分布区缩小，且具较多的地方特有种，是研究物种的形成和植物地理分布关系的理想对象。桫椤株形美观别致，可供欣赏。

（2）研究价值

由于桫椤科植物的古老性和孑遗性，它对研究物种的形成和植物地理区系具有重要价值，它与恐龙化石并存，在重现恐龙生活时期的古生态环境，研究恐龙兴衰、地质变迁具有重要的参考价值。

（3）观赏价值

桫椤树形美观，树冠犹如巨伞，虽历经沧桑却万劫余生，依然茎苍叶秀，高大挺拔，称得上是一件艺术品，具有极高的园艺观赏价值。

（4）药用价值

桫椤削去外皮的髓部可作药用。味辛，微苦，性平；能祛风湿，强筋骨，清热止咳。常用来治疗跌打损伤、风湿痹痛、肺热咳嗽，可以预防流行性感冒、流脑以及肾炎、水肿、肾虚、腰痛、妇女崩漏、中心积腹痛、蛔虫、蛲虫和牛瘟等，内茎液汁，外用可治癣症。其茎杆髓部含淀粉约27.44%，可提取淀粉代替食品，其根状茎具清热解毒等功效。

◆收拾垃圾走出天坑

中午12点，全体队员开始沿着来时的线路向坑上返回。为了尽可能不破坏坑底的环境，队员们将所有生活垃圾包括废电池、方便面袋、矿泉水瓶等如数收集在一起带回，又尽量寻找没有植物生长的地方落脚，以免伤害植物。

走进奇妙的天坑群 ...

第二天晚上近 5 点，当队员们最终同样艰难地返回坑上时，他们更感到了神奇的大自然对人类其实格外照顾，为人类留下的这最后的宝地必须受到格外的珍惜。

灵山发现神秘"巨坑"

2008 年 12 月份，天文地理爱好者们观察卫星地图，发现上饶灵山有一个直径 12 千米的大洞，怀疑是巨大的陨石坑。后经查看卫星图发现在紧靠江西的东面和境内竟然找到了 11 个奇怪坑体。

这些蹊跷的坑体难道真是来自太空陨石的深度撞击造成的吗？

有人认为上饶灵山环形山是陨石坑的可能性也非常大，它的西部被后期的断裂所破坏，但还可以看得出其轮廓，东部保存得极其完好。

◆ 卫星地图发现怪坑

这个坑体由黄色的外围，环绕成一个比较标准的环形。其环形内，绿色的图像上，还能看到山路以及蓝色的河流湖泊。

于是就在这一时间里，《寻找你身边的陨石坑》在网络上成为热帖。天文和地理爱好者们查看卫星地图，寻找地球表面的疑似陨石坑。在江西附近和境内，这些爱好者们竟然发现了 11 处，其中最大、最引人注目的，就是上饶灵山的一个巨大凹陷体。根据影像，测算灵山的坑体直径大约 12 千米。这个巨大的坑体发现让爱好者们惊喜不已。

灵山的俊美源自 1.8 亿年前地下岩浆侵入活动形成的燕山期花岗岩，主峰海拔 1496 米。在卫星影像图上，

能够很清晰地看到，这个坑体由黄色的外围环绕成一个比较标准的环形。在其环形内绿色的图像上，还能看到山路以及蓝色的河流湖泊。从影像图上看，这个疑似陨石坑仿佛是位沉睡者。如果身临灵山，是无法发现这个奇迹的，但通过卫星图，就发现了这个秘密。

事实上早在两三年前，随着网络卫星地图的出现，灵山的环形影像图就已被爱好者找到。据了解，当时也有江西的专家并前往实地考察，但没有公开考察的结果。之后，这张疑似陨石大坑的影像图，也就逐渐被大家所遗忘。

直到 2007 年 5 月，上饶县煌固镇一煤矿发现了外形像飞碟的石块，灵山的疑似陨石坑再度热了起来。因为爱好者们猜测，这些是外星人或者是来自遥远太空的杰作。但是"飞碟石"的谜底很快就被解开——它们只不过是煤矸石。但好奇的爱好者们依然没有放弃对灵山大坑的大猜想。

◆ 岩溶塌陷造就天坑

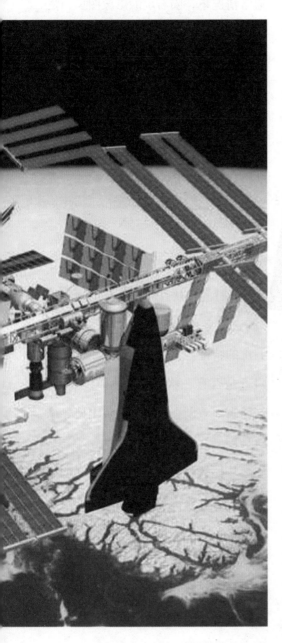

对于只发现过陨石，却从来没有发现过陨石坑的江西来说，这个环形影像图，还是给学者们带来了巨大的惊喜。

如果灵山的坑体真的是陨石坑，那么就有可能在世界上得到排名，通过从卫星图的研究发现，中国目前发现了4个陨石坑，内蒙古自治区多伦学者们一致认为，地球陨石坑是小行星、彗星或者其他碎片，高速撞击地表形成的坑穴，大的陨石坑又称环形山。但是，多数陨星与大气发生摩擦而消失，只有很少部分碎片能落到地表。由于地球上的侵蚀作用以及古老地貌被较年轻沉积物充填，使古老陨石坑不易辨认或已消失，是陨石坑在地球上发现稀少的真正原因。虽然陨石坠落地球的记载自古就有，上饶出现陨石坑按道理也并不是没有可能。但是，对于上饶灵山的巨大坑陷是否是陨石坑的问题，由于地球表面的陨

通常情况下，陨石坑的影像图里，是很少看见这些白色的"花纹"。因此，如果灵山大坑不是陨石坑，就极有可能是岩溶塌陷形成的天坑。

但不管怎样说，这也引来了越来越多的科考人员和科考爱好者前来对其进行观测研究。

◆ 坑内突出花岗岩体

陨石坑的鉴定，非常复杂而且需要时间。从外观判断，上饶灵山的奇怪巨坑的确是呈环形，具有陨石坑的特征。但最关键的判断，还是附近是否存在特有的矿物质。为此，江西省地质调查研究院在灵山搜寻蛛丝马迹。

从影像图上看，灵山坑体完全符合陨石坑的要求，但是这只是最基本的要素。为了确定灵山坑体的身份，江西省地质调查研究院的专家赶往了上饶县，并做好了抽取样本分析的准备。可是，当他们找到这个坑体时，所有的计划都被取消了。

石坑并不多见，所以专家们却显得格外谨慎，不宜轻易作出答案。

卫星影像图里显现的灵山怪坑，面积很大，让人兴奋也令人生疑。从卫星影像图上可以看出，灵山坑体面积可达数百平方千米，假如是坠落的陨石造成的，那么这块陨石的体积该有如何庞大呢？

卫星影像图上的白色纹路，只是花岗岩在卫星影像图里的形态特征。

原来，在卫星影像图里看到的环形坑体，其实根本不是一个凹陷的地质状态，反而是一个往外突出的花岗岩山体。整个"坑"虽然是呈现环状，但是其外围是被花岗岩山体围绕起来，里面的部分则是突出地表的另一种花岗岩凸体。从外观形态来看，就已经不符合陨石坑的特征。其实，灵山的环形山体形成于中生代2亿年左右。1.8亿年前，安静而美丽的灵山，遇到了一次近乎灭绝性的灾难。火山爆发出来的岩浆，烫红了地表，动物们努力地逃亡，但还是很快被滚烫的岩浆给吞噬了。正当火山肆虐、岩浆喷发的时候，地下有一部分的岩浆，没有冲出地表，于是这一部分岩浆最终形成了一个很奇特的环形状花岗岩。不知道"愤怒"的火山爆发了多久，灵山终于又恢复了宁静。直到中生代2亿年，这个附着晶洞的环形花岗岩的岩体外围，慢慢形成了一个超大型矿场，并渐渐地露出了地面。灵山大坑附近的矿物质很丰富，而且形成了两种岩体。其中没有爆发出来的岩浆形成了环形花岗岩岩体，而被环形环绕的部分则形成了另一种花岗岩。

既然所谓的灵山坑体是一个向外突出的山体，为何在卫星影像图里，看到的却是一个环形的地质凹陷呢？原来，这一切都是因为卫星拍摄的角度出现了"问题"，在某一个特定的角度拍摄出来的卫星影像，让视觉出现了误差，将突出的山体"拍"成了向内凹陷的坑体。事实上，众多疑似陨石坑卫星影像图基本上都可以被推翻。因为陨石坑在全世界来说，都是极其少见的。而且，这些卫星影像图里，有些通过图像上的花纹，就可以直接断定不属于陨石坑。

尽管如此，这些地球之外的痕迹，依然会引起我们对神秘宇宙的无限猜想。

第四章　陨石坑里藏秘密

地球上所发现的陨石坑比较稀少，这是由于侵蚀作用以及古老地貌被较年轻沉积物充填，使古老陨石坑不易辨认或已消失，如加拿大地盾上的陨石坑。陨石坑的形成是需要一定的条件的，在地球外的其他小行星、卫星的以一定的速度撞击地球时，在地球上留下的环形凹坑就是我们所说的陨石坑。但是由于时间的流逝，岁月的冲刷，陨石坑也会逐渐地被覆盖或者被磨灭，甚至会消失。深入研究现存陨石坑，对于研究地球地貌、地质变化方面有着十分重要的研究价值；深入研究陨石坑，对于研究"天外来客"也具有十分重要的科学意义；深入研究陨石坑，可以帮助生物学家揭开恐龙灭绝的内幕。此外本章将为读者详细介绍世界上不同地域发现的陨石坑，使读者对陨石坑有更加清晰的认识，最终使读者更加热爱大自然。

何为陨石坑

陨石坑（较大的陨石坑又称环形山）是行星、卫星、小行星或其他天体表面通过陨石撞击而形成的环形的凹坑。陨石坑的中心往往会有一座小山，在地球上陨石坑内常常会充水，形成撞击湖，湖心则有一座小岛。

在具有风化过程的天体上或者具有地壳运动的天体上，老的陨石坑会逐渐被磨灭。比如在地球上通过风化、风吹来的尘沙的堆积、岩浆撞击坑会被掩盖或者磨灭。在其他天体上有可能有其他效应来磨灭陨石坑。比如木卫四的表面是冰，随着时间的流逝冰会慢慢流动，使得这颗卫星表面的陨石坑消失。

在地球上约有150个大的依然可以辨认出来的陨石坑，通过对这些陨石坑的研究地质学家还发现了许多已经无法辨认出来的陨石坑。几乎所有具有固体表面的行星和卫星均带有陨石坑。在有些天体上陨石坑的密度可以被用来确定相应的表面地区的形成年代。

陨石坑的研究历史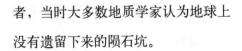

丹尼尔·巴林杰是第一位将一个地球上的地质形态确认为陨石坑（撞击坑）的人。他指出美国亚利桑那州的巴林杰陨石坑是一个撞击坑。但是当时他的理论没有获得很多的支持

者，当时大多数地质学家认为地球上没有遗留下来的陨石坑。

1920 年代美国地质学家沃尔特·布克研究了美国境内的一系列环形山，最后他认为这些环形山是有巨大的爆炸事件造成的，但是他认为这些爆炸事件是强烈的火山爆发造成的。但是 1936 年其他地质学家得出结论认为这些环形山可能是由撞击造成的。

这个问题一直到 1960 年依然未完全解决，这个时期的一系列研究，尤其是尤金·苏梅克的详细研究提供了明确的证据，证明这些环形山是由撞击形成的，这些研究确认了一系列只有通过撞击才会产生的冲击变态，其中最知名的是冲击石英。

一些地质学家开始利用这些研究

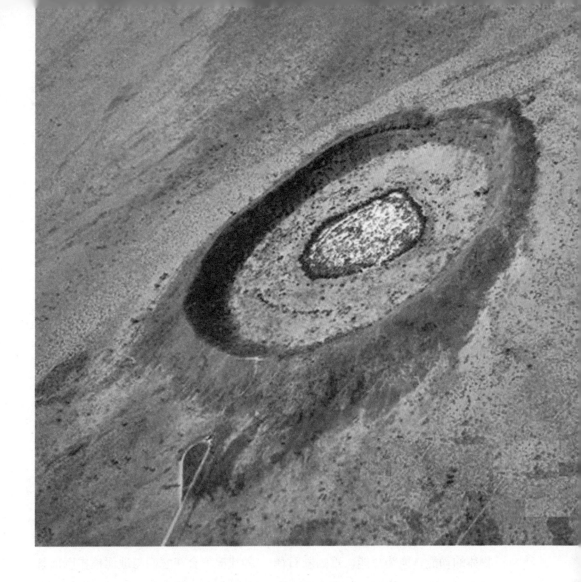

所获得的新的判断手段在全世界寻找
撞击坑，到 1970 年他们已经初步断
定了 50 多个陨石坑。

　　虽然如此他们的结果依然很有争
议。但是当时正在进行的阿波罗计划
给科学家提供了直接的月球上的陨石
坑的数据。月球上的风化极小，因此

其表面的陨石坑几乎可以无限长时间
地保留着。由于地球与月球上的陨石
坑密度应该相差不多，因此这些数据
明显地显示了地球上应该有更多的陨
石坑。

　　地球上已知的陨石坑的形成时间
从在约 1000 年前到 20 亿年以前。不过 2 亿年以前的陨石坑很少找到，因为地质过程将大多数老的陨石坑磨灭了。大多数已知的撞击坑位于大陆内部比较稳定的地区。水面以下海底的陨石坑很少被找到。首先因为水下勘探依然比较困难，其次因为海底的陨石坑也比较容易被磨灭或者通过板块运动潜沉到地球内部。

目前的估计是现在约每一百万年的时间内，在地球上就会形成一至三个直径超过 20 千米的陨石坑。按照这个估计，目前在地球表面上还有许多没有被发现的年轻撞击坑。

陨石坑的结构特征

在地球上陨石坑形成的条件是：一个物体以 11.6 千米／秒的速度从外空与地球相撞。在这个过程中这个物体的动能转换为热能，重的陨石释放出来的能量可以达到相当于上千吨 TNT 爆炸所释放出来的能量，这个能量级相当于核爆炸所释放出来的能量。目前地震仪平均约每年纪录到一次大于一千吨 TNT 能量的撞击，这些撞击一般发生在大洋中。

假如陨石的质量超过 1000 吨的话，大气层基本上对它没有减速的作用，那么陨石表面的温度和压力会非常高。球粒陨石和碳质球粒陨石在这种状况下会在它们与地面撞击以前就被破坏，但是铁－镍金属陨石的结构足够强，可以与地面撞击造成巨大爆炸。

当陨石与地面相撞时它将当地的空气、水和岩石压缩为极热的等离子体。这个等离子体向外快速扩张，并迅速冷却。它与其他被投射的物件以轨道或近轨道速度被抛出。它们甚至可以完全脱离地球的引力，有些甚至可以在其他行星表面成为陨石坠落。没有空气的天体表面往往还可以看到从撞击坑向外辐射的外抛物留下的痕迹。不过在此提到的是关于这些辐射线的产生原理还有其他非撞击的理论。

在等离子体内部会发生非常高能的化学反应，比如在地球上盐水和空气可以合成非常强的酸。等离子体内气化的岩石会凝结成水滴形的似曜岩，这些似曜岩可以分布到撞击点周围很大的范围里。但是也有人认为似曜岩不仅仅是撞击产生的。比如世界上最大和最年轻的似曜岩区（位于澳大利亚周边，约70万年前形成）就缺乏一个撞击坑。假如这里的似曜岩的确是由于撞击所形成的，那么这么大的一个撞击坑肯定不会再过去一百万年中被磨灭。

海上撞击所造成的危害比陆上撞击的要大得多。大的陨石可以一直冲到海底，在海上造成巨大的海啸。据计算尤卡坦希克苏鲁伯的撞击造成了50～100米高的海啸，在内陆数千米处形成了堆积。

不论是在陆上还是海上，撞击的结果总是一个陨石坑。陨石坑有两种形式："简单"的和"复杂"的。巴林杰陨石坑是一个典型的简单陨石坑，它就是地面上的一个坑。简单的陨石坑直径一般都小于四千米。

复杂的陨石坑一般比较大，中央有一个中心山，周围环绕着沟，还有一个或者多个边。中心山是由于撞击后地下的反射造成的。这样的陨石坑有点像冻结在地面上的滴入水池里的水滴。

不论是简单的还是复杂的陨石坑其大小决定于陨石的大小以及撞击处的物质。比较松软的物质所形成的陨石坑比比较脆的物质所形成的陨石坑要小。陨石坑的大小和形状随时间的变化而变化。刚刚形成的陨石坑由于散热而收缩。在地球表面随时间的延续风化以及其他地质过程将陨石坑掩藏起来了。巴林杰陨石坑是地球上保存最好的陨石坑之一，但是它只是在约五万年前形成的。而6500万年老的希克苏鲁伯撞击坑虽然是地球上最大的撞击坑之一，但是在地球表面上已经看不到它的痕迹了。

有些火山口看上去像陨石坑，而大理石除可以通过撞击形成外，也可以通过其他过程形成。不爆炸性的火山口一般很容易与撞击坑区分，因为它们的形状是不规则的，而且还有岩浆流和其他火山物质。只有金星上的陨石坑才有融化的物质流淌。

陨石坑最不同的标志是岩石受到的冲击变态如碎裂屑锥、熔化的岩石和晶体变形。比较困难的是至少在简单的陨石坑里这些物质比较趋向于被深埋。但是在复杂的撞击坑里可以找到它们。

知识百花园

TNT简介

TNT俗名为三硝基甲苯，学名为2,4,6-三硝基甲苯，化学式为$C_6H_2CH_3(NO_2)_3$；黄色炸药。

接触三硝基甲苯后慢性中毒症状表现为：局部皮肤染成桔黄色，约一周左右在接触部位发生皮炎，表现为红色丘疹，以后皮疹融合并脱屑。大部分人在继续接触中皮疹逐渐消退，少数人病情加重。短期内吸入

高浓度三硝基甲苯粉尘，可在数天后发生紫绀、胸闷、呼吸困难等高铁血红蛋白的血症。

接触三硝基甲苯后急性中毒症状表现为：全身症状表现为面色苍白，口唇和耳壳呈青紫色的"三硝基甲苯面容"，有为肤色掩盖，不易显露。还可能出现气急、头痛、乏力、纳减及晨起呕吐等表现。临床上可分为下列四种类型：

①中毒性胃炎：患者纳差，上腹部剧痛，恶心、呕吐及便秘，与进食无关。胃镜发现单纯性胃炎。

②中毒性肝炎：接触量多者大多数在 3 个月以上发生肝肿大伴压痛，肝功能异常。如发生黄疸，预后不佳。脱离接触，好转较快。

③贫血：为低色素性贫血，可伴网状细胞增多、尿胆原和尿胆红素阳性、赫恩兹小体阳性、点形红细胞增加等。严重者可发展至再生障碍性贫血，表现为进行性贫血、全血细胞减少以及骨髓增生不良。

④中毒性白内障：发生率最高，发病与工龄一般成正比。个别人接触高浓度不足一年亦可发病。初起时晶状体周边部环形暗影，随病情发展可出现中央部环形或圆盘状混浊。由于白内障呈环状分布，故对中央视力影响不大。

陨石坑的一般特征

(1) 撞击坑底部有一层"大理石化"的岩石。

(2) 形成了碎裂屑锥，这是岩石上 V 形的凹坑，尤其在细粒的岩石上

容易产生这样的碎裂屑锥。但是，在火山喷射物中也有碎裂屑锥形成。

（3）高温岩石比如溶化过得硬和焊在一起的沙块、似曜岩以及溶化的岩石飞溅后形成的玻璃。不过有些学者怀疑似曜岩可以作为撞击坑的特征。在一些火山地带也有似曜岩被发现，此外似曜岩一般比典型的撞击岩石要干。撞击后溶化的岩石类似火山岩，但是它们包含了没有溶化的岩层的碎片，组成不寻常的、大面积的覆盖面，它们的化学成分也比从地球深处喷出来的火山岩要复杂。此外它们往往含有在陨石中比较多的微量元素如镍、铂、铱、钴等。

（4）矿物中的微压力变形。这包括石英和长石中晶体破裂、高压物质如金刚石

的形成、冲击石英的变形如重矽石和斜矽石。

(5) 除火山外地下核爆炸也会造成类似于陨石坑的坑。事实上世界上坑最密集的地区是美国的内华达测试基地。

石英简介

石英，无机矿物质，由二氧化硅组成的矿物，半透明或不透明的晶体，一般乳白色，质地坚硬石英化学式为 SiO_2，天然石英石的主要成份为石英，常含有少量杂质成分如 Al_2O_3、IMO、CaO、MgO 等。

石英有多种类型。日用陶瓷原料所用的有脉石英、石英砂、石英岩、砂岩、硅石、蛋白石、硅藻土等，水稻外壳灰也富含 SiO_2。石英外观常呈白色、乳白色、灰白半透明状态，莫氏硬度为 7，断面具玻璃光泽或脂肪光泽，比重因晶型而异，变动于 2.22 ~ 2.56 之间。跟普通砂子、水晶是"同出娘胎"的一种物质。当二氧化硅结晶完美时就是水晶；

二氧化硅胶化脱水后就是玛瑙；二氧化硅含水的胶体凝固后就成为蛋白石；二氧化硅晶粒小于几微米时，就组成玉髓、燧石、次生石英岩。

石英是一种物理性质和化学性质均十分稳定的矿产资源，晶体属三方晶系的氧化物矿物，即低温石英（a–石英），是石英族矿物中分布最广的一个矿物种。广义的石英还包括高温石英（b–石英）。石英块又名硅石，主要是生产石英砂（又称硅砂）的原料，也是石英耐火材料和烧制硅铁的原料。

石英是非可塑性原料，其与粘土在高温中生成的莫来石晶体赋予瓷器较高的机械强度和化学稳定性，并能增加坯体的半透明性，是配制白釉的良好原料。

民国时期多采用景市三宝蓬所产石英，新中国成立后大多采用星子、都昌、修水等地的石英，尤其是2000年以后，用量剧增。釉料中用量为10%～30%，使用前应洗净拣选，除去污物杂质，放在窑内高温煅烧，便于粉碎。

无色、透明的石英的变种，希腊人称其为"Krystallos"，意思是"洁白的冰"，他们确信石英是耐久而坚固的冰。中国古代人认为嘴里含

走进奇妙的天坑群

上冷的水晶能够止渴。

石英是地球表面分布最广的矿物之一，它的用途也相当广泛。远在石器时代，人们用它制作石斧、石箭等简单的生产工具，以猎取食物和抗击敌人。石英钟、电子设备中把压电石英片用作标准频率；熔融后制成的玻璃，可用于制作光学仪器、眼镜、玻璃管和其他产品；还可以做精密仪器的轴承、研磨材料、玻璃陶瓷等工业原料。

石英晶体内含有细小的气泡或液体充填裂隙时，会通过干涉光产生彩虹，能制成精美的首饰。拿破仑的妻子约瑟芬皇后拥有一个令人眼花缭乱的宝石藏品，就是由彩虹石英制成的首饰。

陨石坑的判断标志

根据对陨石坑现场的实际调查和对主要造岩矿物冲击效应的研究，结合核爆炸和人工冲击模拟试验研究的结果，判定陨石坑的主要标志有：

1．陨石坑一般为圆形构造。目前对地表数十个陨石坑探测的结果表明，它们多为圆形构造，较古老的坑由于受构造运动的影响也有呈椭圆形或腰子形的。

2．大多数陨石坑都保存有较好的坑唇，即环形山坑缘。它是由抛射物沿坑的边缘堆积而形成的。有一些陨石坑由于形成年代较老，坑唇多被侵蚀掉，有时冲击坑本身也被剥蚀，因而不易被识别，但残留的强形变和震裂岩石为一圆形区域这一特点仍可被辨认。

3．坑底结构较复杂。坑底的岩石在受到巨大陨石轰击后，由于应力释放而产生一定程度的回弹，故在一些大的陨石坑底部常出现中央隆起的状况；由于坑底岩石遭到破坏，使人工地震波的反射极不规则；重力法的测定结果表明，陨石坑为重力负异常，而火山喷发为正异常。此外，一个巨大陨石的轰击，有可能触发或控制深部岩浆的侵入，如加拿大著名的镍矿床所在地——萨德伯里构造已被证实为一个复合构造，其深部升上来的含矿岩浆重叠在大的陨石轰击构造之上。陨石轰击，触发深部岩浆上升并溢出地表充填于坑内的现象，在月球表面较常见，在地球表面亦有所见。

4. 常有陨石碎片或铁－镍珠球等残留物存在于冲击产物中。迄今为止，还从未在任何一个地表陨石坑中挖掘出陨石冲击体本身，然而在质量较小的陨石所轰击形成的坑内大都能找到它的残留物。如目前地表已找到陨石碎片的10多个冲击坑的直径都较小，一般只有几十到上百米，最大的亚利桑那陨石坑直径为1200米。质量大的陨石，由于它高速撞击地表后容易爆散和蒸发，极难在坑中找到其残片。如在直径为24千米的里斯坑（爆炸能量大于10焦耳）中至今仍未找到陨石的残留物。但不久前在坑底岩石的粒间裂隙内发现了铁－铬－镍（含少量硅和钙）的微细粒子及细脉，认为是由气化了的陨石冲击体经凝聚而形成的，这也是识别陨石坑的重要标志。

5. 角砾岩和震裂锥存在大量的角砾岩，大都是杂乱无章地与不同的岩性碎屑混合在一起。这些角砾岩含有大量熔融的或部分熔融的玻璃质击变岩。冲击波通过某些岩石类型时，就产生震裂锥，单个锥体的大小，从小于1厘米到15厘米或更大，顶端稍钝，锥体顶角一般为90°，表面有很多沟槽，呈马尾构造，锥体的顶端都有指向该冲击构造中心的趋势。在石灰岩、白云岩、石英岩、片麻岩和页岩等许多岩石类型中都观察到有震

裂锥。目前在地表冲击位置上，包括萨德伯里构造、里斯和施泰因海姆盆地、弗林克里克等数十个冲击构造中都发现了震裂锥。现已证明，震裂锥本身已能作为陨石轰击的独特标志。

6. 矿物的冲击效应标志。造岩矿物均显示冲击效应。与陨石坑有关的矿物冲击效应为：

（1）在非常高的应变率下，矿物发育为有特征的微观和亚微观结构，

如石英、长石、云母、辉石、角闪石、橄榄石的形变、微裂隙、微页理和扭折条带等构造。

（2）在固态下的转变，如石英转变为柯石英和超石英，以及转变为继形硅氧玻璃，石墨转变为金刚石等。

（3）矿物的热分解、熔融以及出现流动构造，特别是在同一岩石中结晶体的玻璃体并存，如石英、长石已转变为玻璃相，而深色矿物仍保留晶

质相。在强冲击情况下，玻璃体内的难熔矿物亦发生分解，如有的坑内钛铁矿、金刚石、铁板钛矿和斜锆石等已熔成液滴状。

★知识百花园★

角砾岩简介

角砾岩和砾岩一样，也是一种碎屑岩，由从母岩上破碎下来的，颗粒直径大于2毫米的碎屑，经过搬运、沉积、压实、胶结而形成的岩石，砾石的平均直径如果在1~10毫米，为细砾，10~100毫米称为粗砾，大于100毫米为巨砾。其胶结物中常含有矿物，角砾岩也可以做为建筑材料。角砾岩比较粗糙，可以见到明显的砾石，如果胶结成岩石的砾石超过50%是圆形的为砾岩，超过50%为有棱角的，则称为角砾岩。

角砾岩沉积碎屑岩的一种。由大于2毫米的棱角状的砾石胶结而成。组成角砾岩的碎屑物质，一般因原地堆积或搬运距离很短，因此磨圆度极低，分选很差，形状各异，棱角分明。

按形成原因可分为岩溶角砾岩、火山角砾岩、山麓堆积角砾岩、冰川角砾岩、断层角砾岩（亦称构造角砾岩）、成岩角砾岩以及陨石撞击角砾岩等。研究角砾岩可帮助恢复古地理环境，推断构造变动，有些矿产与角砾岩有关。

角砾岩能很好反映母岩成分和性质，它与母岩关系较砾岩更为密切。按成因，角砾岩可分为残积的、层间的、泥石流的、崩塌的、成岩的、构造的和火山的。

如石灰岩洞顶，由于溶解而崩塌，石灰质角砾被钙质或红土所胶结，可形成崩塌角砾岩（洞穴角砾岩）。在成岩阶段，由于胶体脱水，体积收缩，岩石碎裂成角砾，再被胶结，则可产生成岩角砾岩。

陨石坑的研究意义

也许有些人会奇怪，为什么会有那么多的科学家专注于研究陨石坑呢？以下几点就是研究陨石坑的意义所在：

①为地球、月球、水星、火星及其卫星表面圆形坑和环形山构造的陨石轰击成因假说找到依据，从而确定陨石坑的存在时间和分布情况。同时为研究巨大陨石的撞击，对地球和其他星球的形成，原始热和自转轴变迁的影响，以及为研究岩浆活动、突变事件和星球演化提供宝贵的资料。

②对矿物和岩石冲击变质的研究，将进一步丰富岩石学、矿物学、结晶学和高温高压地质学的内容，并为了解地幔物质性状和物理化学特点，即为地球深部的研究提供参考依据。也可以从冲击效应特征推定岩石受轰击时的温度和压力历史，从而对于了解地面及地下核试验和人工爆破的威力、破坏半径以及对工程防护和对金刚石等矿物的合成具有一定实用意义。

③由于巨大陨石轰击能引起地下岩浆上升、侵入和成矿，因而出现了把外来作用和地球深部作用联系起来的新成岩成矿理论。

④研究地表陨石坑的分布形态、锥度，特别是受轰击后的变质作用，可直接推断陨石下降时的方向、速度、质量以及烧蚀破裂情况，为宇宙飞船软着陆提供依据。

世界陨石坑大观

陨石坑乃地球表面呈现的外来奇观，是陨石体高速撞击地表或其他天体表面所形成的坑穴。又称陨石冲击坑。在月球、水星、火星上，陨石坑是很普遍的现象。大的陨石坑又称环形山。

地球上所发现的陨石坑比较稀少，这是由于侵蚀作用以及古老地貌被较年轻沉积物充填，使古老陨石坑不易辨认或已消失，如加拿大地盾上的陨石坑。

地球上已被确认的大陨石坑中，以美国的亚利桑那梅蒂尔坑（过去曾称坎扬迪亚布罗坑）最为有名。坑的直径约1240米，深170多米，坑的周围比附近地面高出约40米。根据考察，这一陨石坑是2万年前，由一直径约60米、重约10万吨的陨石体

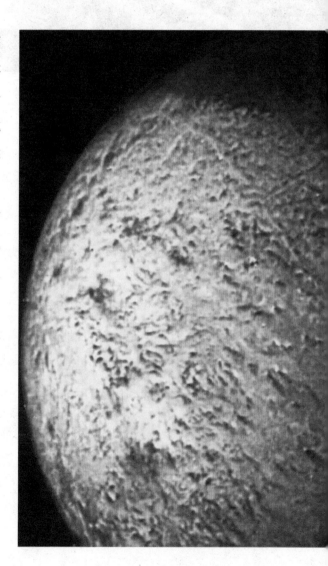

以约 20 千米／秒的速度撞击地面形成的，地球上最大的陨石坑是俄罗斯西伯利亚的波皮盖坑，直径约 100 千米。

在常人的眼里，地球是一个巨大的蓝色星球。在地球近 46 亿年的历史中，类似小行星撞击地球的事并不鲜见。尽管这些外来天体在地球表面留下的痕迹，可能会被各种地质活动等自然因素抚平、抹去，但我们依然能看到昔日天地大冲撞留下的一些陨石坑。

◆ 墨西哥希克苏鲁伯陨石坑

希克苏鲁伯陨石坑被掩埋在墨西哥希克苏鲁伯村（意思是"恶魔的尾巴"）附近的尤卡坦半岛下面，这个远古陨石坑直径 105 英里（170 千米）。这次撞击发生在大约 6500 万年前，当时有一颗大小像一个小城市的彗星或小行星与地球相撞，产生相当于 100 兆吨黄色炸药的能量，在全球引起破坏性大海啸、地震和火山爆发。人们普遍认为希克苏鲁伯撞击导致恐龙灭绝，也可能是因为全球性的大爆发或者剧烈而普遍的温室效应导致长期的环境变化。

◆ 加拿大曼尼古根陨石坑

曼尼古根水库（曼尼古根湖）又被称作"魁北克之眼"，它是加拿大魁北克中心的一个环形湖，位于一个远古侵蚀陨石坑的遗址上。大约在2.12亿年前，一颗直径是3英里（5千米）的小行星撞上地球，产生一个直径62英里（100千米）的大洞。它一直受到流经的冰河和其他侵蚀作用的影响，直到现在也不例外。

◆ 塔吉克斯坦喀拉库尔湖

喀拉库尔湖位于比海平面高1.3万英尺（3900米）的塔吉克斯坦帕米尔山脉中，直径16英里（25千米），靠近中国边境。这个湖实际上是位于一个宽28英里（45千米）的圆形凹陷处，这个凹陷处是在大约500万年前的一次陨石撞击中形成的。喀拉库尔湖是在最近的卫星图上发现的。

◆ 加拿大清水湖

魁北克省加拿大地盾上的两个环形湖（陨石坑），大约是在2.9亿年前由一对小行星在哈德逊湾海湾附近发生撞击形成。两个陨石坑中较大的一个是直径为20英里（32千米）的西清水湖，较小的东清水湖的直径为13.7英里（22千米）。这些湖之所以会成为非常受欢迎的旅游胜地，可能是因为这里点缀得大量小岛形成了一系列美丽的小岛"链"。这些湖出名的另一个原因是它们拥有清澈见底的湖水。

这是一对孪生陨石坑，在2亿9千万年以前形成，可能是由分裂成两块的小行星同时撞击而成。两个陨石坑靠近西边的那个直径为32千米，靠近东面的那个直径为22千米。

走进奇妙的天坑群 ...

★知识百花园★

加拿大地盾简介

加拿大地盾又称为前寒武纪地盾区，或者加拿大高地区，在地质构造上属于加拿大地盾，主要是由六亿多年前的前寒武纪岩石构成。显生宙前，曾经历不止一次的造山运动，并引起岩浆活动，又被长期侵蚀而准平原化，因而岩性十分复杂。大多数岩层严重变质，形成各种各样的矿床。有些古老地层严重"绿岩化"，在加拿大地盾上形成很多绿岩带，是金属矿较多的地区。

北美洲的几次造山运动对这里影响不大，地盾是北美洲板块是最坚硬、最稳定的核心，并且是其后形成的大平原的基础。它的覆盖面积达 450 万平方千米，约占全国的土地面积的一半，也是加拿大的地理核心。

该地区的东部为加拿大地盾的

凸出部分，拉伯拉多半岛主要是冰蚀高原，平均海拔为 500～600 米，最高点为 1676 米。半岛中部有一元古代基文纳万系岩层，沉积在太古代拉伯拉多地槽里，除了沉积砂、砾岩之外还有很厚的铁矿层，是现在世界上最大的铁矿之一。

该区的中部为加拿大地盾的一个平缓的台向斜部分，构成哈得逊湾和哈得逊湾沿岸的平原，海拔多在 200 米以下，河流呈幅合状注入哈得逊湾。

哈得逊湾南岸有近似水平的志留纪沉积岩，它的西部下面有奥陶纪地层，而东部的上面为泥盆纪地层，说明这个台向斜在古生代早期时曾有过大量沉积，但进入古生代后期台向斜又高出海面。直到第四纪大冰期时又被压低，冰期后变成了浅海。

该区的西部大熊湖、大奴隶湖、阿萨巴斯卡湖、温尼别戈西斯湖、温尼别格湖一线是加拿大地盾的西南部，是一片湖泊成群的高平原区，海拔在 500 米以下，地层平展，受河流切割，有宽阔的谷地，通称加拿大高平原，是北美中部平原的一部分。

大奴隶湖和大熊湖以西有广泛的泥盆纪地层，大熊湖北岸和麦肯锡河（Mackenzie 又译为"马更些河"）下游

的地面有少量的白垩纪地层。

该区的南部止于圣罗伦斯河谷以及与美国交界处著名的五大湖，这里海拔高度不大，地面较高处一般只有 300 ~ 400 米，只有少数山头高于 600 米，苏圣马里以北的休伯利尔(Superior 又译为"苏必利尔")高地最高处海拔 670 米。

魁北克省的罗伦西亚高地南部边缘是个断层线，叫罗伦大德陡崖，南临圣罗伦斯湾，河流经过此地多形成瀑布，有大量擦痕的露岩、带有擦痕的漂砾，到处可见。

大约在 4 ~ 5 亿年前的奥陶纪和志留纪之间，原始地盾、花岗岩、玄武岩和片麻岩的火山岩被石灰石所覆盖。侵蚀与冰川化几乎将地盾上的石灰石消耗殆尽，使这个地盾和前寒武纪时期的面貌相差无几。不幸的是，由于缺少石灰石，这一地区的湖泊极容易酸化。

　　在最近的地质时期，地盾区受地壳运动或冰川化的影响很少，从而维持了低丘陵、浅盆地、江湖星罗棋布的地貌。这便是所谓的准平原。但部分地方的地貌还是令人惊叹：例如圣罗伦斯河北岸因断层而导致的悬崖峭壁，还有拉伯拉多地区因冰川大流动而形成的陡峭深渊峡湾。

　　由于地盾上的地表大多是冲刷的沉积物或冰川侵蚀的余物，它一般不适于发展农业，但这里的针叶植物森林却是一个无价的资源。此外，全世界近四分之一的淡水都集中在这一地区。

　　哈得逊湾和北极低地是加拿大地盾的一个盆地中未被淹没的部分。在五亿到四亿年前的奥陶纪和泥盆纪时期，沉积的石灰石和白云石覆盖了这个盆地，使它的地形变得平坦。后来的冰川压缩了盆地，当冰川开始融化时，海水入侵，白里泥便沉积在一些地方。因此低地地区多是由平坦和排水不良的泥沼和泥塘组成。

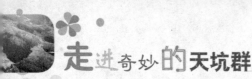

走进奇妙的天坑群

◆ **乍得湖奥隆加陨石坑**

奥隆加陨石坑是在 200 万到 3 亿年前形成的一个侵蚀陨石坑，它位于非洲乍得湖北部的萨哈拉沙漠地区。这个陨石坑是由一颗直径为 1 英里（1.6 千米）的彗星或小行星与地球相撞形成的。这种撞击每一百万年大约才发生一次。

这个陨石坑的直径大约 11 英里（17 千米），附近有两个环形结构，这两个环形结构是航天飞机所成的像，是通过用雷达对大约是 22 英里（36 千米）的区域进行扫描时发现的。

◆ **加拿大深水湾**

加拿大深水湾位于加拿大萨斯喀彻温省驯鹿湖西南端附近。它是一个非常引人注目的环形浅水湖，非常深，而且形状很不规则。这个 8 英里（13 千米）的陨石坑，由大约 1 亿年前一

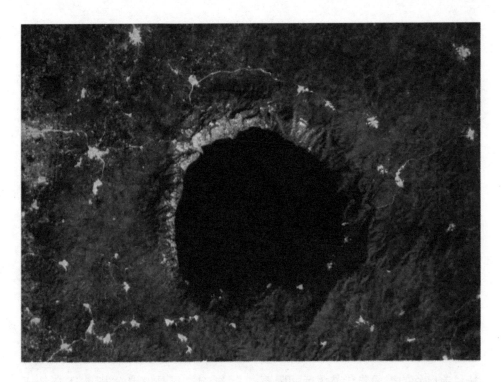

个大陨星撞击该地形成的中间凸起的低洼的复合撞击结构组成。

◆ 加纳博苏姆推湖

博苏姆推湖位于加纳库马西的东南大约 30 千米的西非大地盾的水晶矿床上，它是该国唯一一个自然湖。大约在 130 万年前，一颗陨星在这里与地球相撞，在地面上留下一个直径为 6 英里（10.5 千米）的洞。这个陨石坑逐渐充满水，形成现在我们看到的湖。博苏姆推湖周围被浓密的雨林环绕，非洲西部阿善堤地区的人认为这是个神明之地。他们认为这里是死者的灵魂向上帝告别的地方。

◆ 南非最大的陨石坑

南非科学家此前宣布，他们发现了迄今世界上最大和最古老的陨石坑。南非威特沃特斯兰德大学的古人类学家托比亚斯当天在约翰内斯堡举行的一个以人类发展为主题的演讲会上公布了他们的这一最新研究成果。托比亚斯教授介绍说，这个陨石坑位于南非中部自由州省的弗里德堡城。坑的直径为 250～300 千米，弗里德堡就位于陨石坑的中心位置。他说，人们原来一直将这个坑看作是古老的火山口。但科学家经过研究发现，这里石头中的矿物质成分与火山石不同，其成分表明它应该是地球以外的星体撞击地球后产生的。科学家初步认定，这个陨石坑形成于 21 亿年前，是目前已知的形成年代最久远的陨石坑。这个陨石可能来自彗星或者某个

行星，撞击时的速度应为每小时 4 万至 25 万千米之间。据有关资料介绍，此前世界上公认的最大的陨石坑位于加拿大安大略地区的萨德伯里陨石坑，它的直径为 200 千米。而最著名的陨石坑当属墨西哥尤卡坦地区的奇卡拉布陨石坑。一些科学家认为正是这个陨石坑形成时引起的地球气候变化导致了恐龙的灭绝。托比亚斯说，同奇卡拉布陨石坑一样，弗里德堡陨石坑的形成也应该对地球的气候及生物的演化产生过重大的影响，只是其具体影响还有待于科学家们的深入研究。

◆ 法国西南部的两个陨石坑

西南部的两个陨石坑的直径都在200～300千米之间，彼此之间的距离只有140千米。这两个陨石坑可能是2亿年以前同一颗小行星撞击的产物。这可能是迄今为止撞击地球的最大的小行星。

◆ 墨西哥尤卡坦陨石坑

墨西哥尤卡坦半岛契克苏勒伯陨石坑，直径有198千米。肇事者是6500万年前一颗直径为10～13千米的小天体。陨石坑被埋藏在1100米厚的石灰岩底下，先被石油勘探工作者发现，随即又被"奋进号"航天飞机通过遥感技术证实了它的存在。

◆ 俄罗斯通古拉斯陨石坑

俄罗斯西伯利亚通古斯地区有陨石痕迹。1908年6月30日，目击者看见一个火球从南到北划过天空，消失在地平线外，地平线上随即升腾起火焰，响起巨大的爆炸声。爆炸之后的几天里，通古斯地区的天空被阴森的橘黄色笼罩，大片地区连续出现了白夜现象。调查者相信这是一颗陨石撞击到西伯利亚所引起的爆炸。据推测，这颗直径小于 60 米的小行星或者彗星碎块闯入大气层，在距地面 8 千米的上空发生了爆炸。1947 年 2 月 12 日，俄罗斯远东城市锡霍特发生与通古拉斯相似的大爆炸，发现了 100 多个陨石坑，收集到 8000 多块镍铁陨石，总重量 28 吨多。

◆ 中国陨石与陨石坑

1490 年，我国就有陨石雨砸死上万人的记载。北京以北约 200 千米冀蒙交界的内蒙多伦地区，有一个超大规模的坑状地形，极有可能就是陨石坑。这个坑具有同心环状的"波脊丘"，一个直径为 170 千米的外环和一个直径为 70 千米的内环，大约形成于一亿三千万年前。1976 年 3 月 8 日，我国吉林省吉林市近郊发生了大规模的

陨石雨，陨落区直径70多千米，面积在400～500平方千米之间，共收集到陨石100多块，总重2616千克，其中"吉林1号"陨石重1770千克，是世界上最大的石陨石。

◆ 澳大利亚戈斯峭壁

澳大利亚探险家戈斯于1873年发现了戈斯峭壁。最早光顾这个陨石坑的是生活在澳大利亚荒漠中的土著，坑中的营地遗址留下了他们当年活动的痕迹。像大多数类似的陨石坑一样，戈斯峭壁也有从中心向四周辐射的地质裂缝。根据科学家对该坑形成的研究，证实它是在一亿三千万年前，遭受来自太空的撞击形成的，撞击物体速度极快，但密度相对较低，因而推测是彗星（由固体二氧化碳、冰块和尘埃组成）而非小行星陨石。

最初的陨石坑直径大约20千米，而现在由戈斯峭壁围合的坑径只有4千米，是中心坑，外围的峭壁在亿年漫长的岁月里早已被侵蚀掉了。在坑的外边缘有两道坚硬的砂岩峭壁，高出平原地面180米，它也是在那次彗星撞击中形成的。地下探测表明，与之相同的岩层在地下2千米的深处，可想而知当年的撞击有多么强烈。

◆南极陨石坑

有科学家提出，南极大陆极点附近的冰下有一个直径240千米，深800米的陨石坑。六、七十万年前，一颗小天体从这里击中地球，地轴方向和地球自转速度因此发生了改变。研究者已在南极冰盖上发现和回收到2.3万块陨石样品。

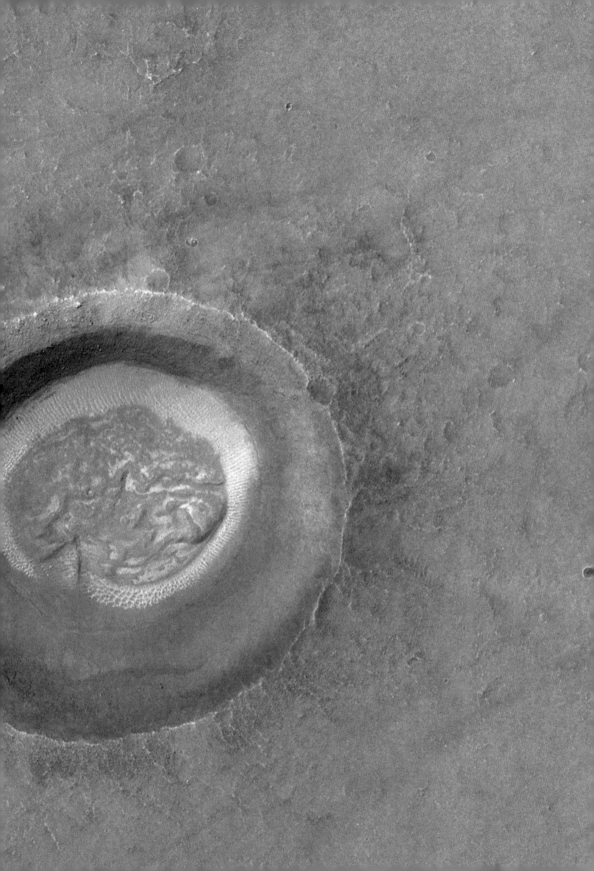

走进奇妙的天坑群

◆ 澳大利亚的Walf Creek陨石坑

澳大利亚的 Walf Creek 陨石坑位于北部沙漠中心。直径 875 米，形成于 30 万年以前，是一个比较年轻的陨石坑。坑边高度位 25 米，坑的中心深度为 50 米。陨石坑里至今还有铁陨石氧化后的残余物质，以及高温下沙粒熔化形成的玻璃物。

◆ 纳米比亚的Roter Kamm陨石坑

纳米比亚的 Roter Kamm 陨石坑的直径为 2.5 千米，形成于 500 万年以前。

◆ 德国的Ries陨石坑

德国的 Ries 陨石坑已经有 1500 万年的历史了，现在已是一片茂盛的农田。

◆ 美国亚利桑那州巴林格陨石坑

大约4.9万年前，一个直径为150英尺（45.72米）、重达几十万吨的镍铁陨星，以4万英里（64360千米）的时速撞向地球。这次撞击产生的陨石坑位于亚利桑那州弗莱格斯塔夫东部55千米处，它被命名为巴林格陨石坑，是有史以来保存最完好的陨石坑。这次撞击产生的能量相当于2000万吨黄色炸药爆炸产生的能量。

这个陨石坑的直径是0.75英里（1.2千米），深575英尺（175米），边缘比周围平原高出148英尺（45米）。巴林格陨石坑是在1902年被发现的，以丹尼尔·巴林格（一位成功的矿业工程师）的名字命名。现在这个陨石坑仍属于巴林格的家人，该陨石坑还被称作"流星陨坑"、库恩·布特和迪亚布洛峡谷。这个陨石坑是5万年前，一颗直径约为30～50

走进奇妙的天坑群

米的铁质流星撞击地面的结果。这颗流星重约 50 万千克、速度达到 20 千米／秒，爆炸力相当于 2000 万千克 TNT，超过美国轰炸日本广岛那颗原子弹的一千倍。爆炸在地面上产生了一个直径约 1245 米、平均深度达 180 米的大坑。据说，坑中可以安放下 20 个足球场，四周的看台则能容纳 200 多万观众。

科学家在南极发现了一个巨大的陨石坑，面积相当于俄亥俄州。他们认为该陨石坑由宇宙陨石撞击而形成，而且导致了 2.5 亿年前的一次最大规模的物种灭绝。该陨石坑位于南极洲半英里厚的冰层下面，它是通过高空卫星观察到的。

这个陨石坑位于南极洲以东的威尔克斯地地区，处在澳大利亚以南。科学家认为，这次撞击导致了地球南部有一称作冈瓦纳超级大陆块的分裂，并将澳大利亚推向了北方。

新研究认为远古的大灾难加速了

恐龙的灭绝，并导致澳大利亚北移。

　　科学家在南极冰盖下发现的大陨石坑可能是推动恐龙进化的真正原因。

　　此时，"月球轨道侦查者"将仔细扫描撞击后产生的效果，"牧人"将在近距离观察轰击效果，此外，"牧人"将会对轰击造成的尘埃和颗粒进行分析，它会直接从撞击造成的烟云中穿梭而过，然后将拍摄结果传回地球。科学家希望，两颗卫星的轰击，能够找到水的踪迹。

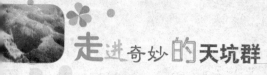

美国航空航天局（NASA）于 2006年12月6日宣布，科学家已经找到了火星上存在液态水的最有力证据，而且就出现在最近7年内！这个令人兴奋的发现可谓火星探测史上一项意义重大的突破，它令这颗红色星球存在生命宜居环境的可能性大增，也让人类向"移民外星"的梦想又踏近了一步。

火星南极陨石坑壁在1999年到 2005年间形成了沟槽沉积物。NASA认为，陨石附近的沟槽可能是由液态水冲击而成。2005年9月照片显示火星陨石坑浅色沉积物，表明火星表面有液态水流过。

美国航空航天局简介

美国国家航空航天局 (National Aeronautics and Space Administration) 简称 NASA，是美国负责太空计划的政府机构。总部位于华盛顿哥伦比亚特区，拥有最先进的航空航天技术，它在载人空间飞行、航空学、空间科学等方面有很大的成就。它参与了包括美国阿波罗计划、航天飞机发射、太阳系探测等在内的航天工程。为人类探索太空作出了巨大的贡献。

NASA 是美国联邦政府的一个政府机构，负责美国的太空计划。1958 年 7 月 29 日，艾森豪威尔总统签署了《美国公共法案 85-568》，即《美国国家航空暨太空法案》，创立了 NASA。1958 年 10 月 1 日，NASA 正式成立。总部位于华盛顿哥伦比亚特区。NASA 的使命和愿望是"改善这里的生命，把生命延伸到那里，在更远处找到别的生命"。NASA 的目标是"理解并保

护我们赖以生存的行星；探索宇宙，找到地球外的生命；启示我们的下一代去探索宇宙"。

NASA 被广泛认为是世界范围内太空机构的领头羊。当时所有国防部之下非军事火箭及太空计划在总统行政命令下一起归入 NASA，包括正在进行的先锋计划和探险者计划，以及美国全部科学卫星计划。原国家航空咨询委员会 (NACA) 的 3 个实验室：兰利研究实验室、刘易斯研究实验室、艾姆斯研究实验室编入 NASA，更名为兰利研究中心、刘易斯研究中心、艾姆斯研究中心。爱德华空军基地的飞行试验室改名为飞行研究中心，海军研究实验室有关先锋计划的部分划归入 NASA，在马里兰州组建了戈达德航天飞行研究中心。

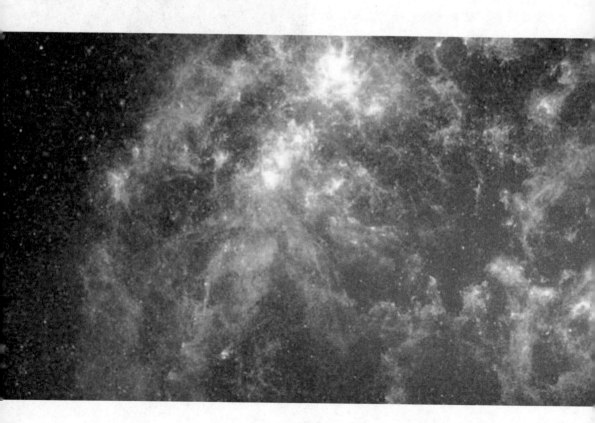

1960 年 6 月，接管冯·布劳恩领导的陆军弹道导弹局，在亨茨维尔组建马歇尔航天飞行中心，负责大型运载火箭的研究计划。尔后 NASA 还相继调整、组建了肯尼迪航天中心、约翰逊航天中心、太空飞行器中心。现在，NASA 已成为世界上所有航天和人类太空探险的先锋。在太空计划之外，NASA 还进行长期的民用以及军用航空太空研究。

美国航空航天局的航天计划：

①水星计划　　②双子星计划　　③阿波罗计划　　④太空实验室

⑤航天飞机　　⑥国际空间站（与俄罗斯、加拿大、欧洲、Rosaviakosmos 以及日本宇宙开发局合作）　　⑦星座计划

◆地球上第一个被确认的陨石坑——巴林杰陨石坑

大约 5 万年前，一颗直径 40 米、重达 30 万吨的小行星，以每秒 25 千米的高速冲进地球大气层，在如今的美国亚利桑那州留下方圆约 1 千米、深 174 米的大坑，它就是著名的巴林杰陨石坑，被称为"全世界第一个被科学家确认的陨石坑"。

过去科学家一直认为，它是一个死火山口。但是 1903 年，美国采矿工程师巴林杰提出它是由一块陨石在大约 5 万年前撞击地球而形成的陨石坑的看法，得到科学家的确认，此后该坑被命名为"巴林杰陨石坑"。巴林杰从周边的碎屑中推测，这很可能是富含铁的陨石撞击的产物，并买下了这块土地的产权。

而这个陨石坑最终被科学家确认，则得益于天文学家苏梅克的考察。20 世纪 50 年代，因发现苏梅克－列维彗星而出名的苏梅克多次来这里实地考察，发现它的地貌与美国地下核试验场的地貌惊人地一致。比如，它们的岩石都在高温下被熔为玻璃体，

两者的岩层都在巨大的冲击下发生了翻转等。苏梅克从这个陨石坑得到的启示，已成为科学界广泛接受的"天地冲撞"理论模型。

美国亚利桑那大学科学家杰伊·梅洛诗教授说，巴林杰陨石坑是地球上第一个被确认的陨石坑。过去科学家估计，这块陨石撞击地面的速度为每秒钟15千米到20千米，但是令科学家长期不能解释的是，在这样高速的撞击下，陨石坑周围却找不到本应该出现的熔化了的岩石痕迹。

梅洛诗教授与英国伦敦帝国大学的科学家加雷思·科林斯使用数学模型进行陨石撞击地球的计算，澄清了以下四个问题：

第一，他们发现形成巴林杰陨石坑的天外来客是一颗初始重量为30万吨、直径为40米的岩石。

第二，在进入大气后到达14千米高度时，该岩石的一半粉碎为碎片，而另一半保持完整，并以大约每秒钟12千米的速度坠向地面。

第三，计算发现，所形成的碎片

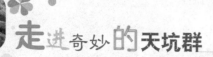

逐渐扩展，在5千米高度形成了一个直径为200米的岩石碎片云，形状如同一块大烙饼。

第四，虽然陨石每秒钟12千米的速度并不算是很低，但却不足以导致岩石熔化。

由于这个陨石坑的构造与月球环形山类似，美国宇航局在进行"阿波罗"登月计划时，还特地借用陨石坑进行宇航员训练，迄今这里还保留着部分设施。一些游客也获准前往参观，他们顺着一条很陡的小道花1个小时可以走到陨石坑底。随着陨石坑知名度越来越高，掌握这块土地产权的巴林杰家族成立了"巴林杰陨石坑公司"和博物馆。